香料咖喱图解事典

[日] 水野仁辅 著
陈 真 译

中国纺织出版社有限公司

前言

从会做香料咖喱的时候开始，我的身边发生了许多种变化。

我会做美味的咖喱了！

其他的事情先暂且不提，会做美味咖喱这件事本身就让我无比兴奋，
实在不敢相信自己会做出这么好吃的咖喱。
这跟我之前做出的咖喱仿佛天壤之别。

做料理的快乐增加数倍！

实在很难用言语形容善用香料做料理的愉快心情。
可能像是第一次学会骑自行车、第一次学会滑雪那样兴奋吧！

对食材的味道和新鲜度变得更为敏锐！

对自己吃进肚子里的东西，变得更加注意，对时令食材变得更加了解，
对地区的特产也更加有兴趣！因为香料咖喱就是让食材原本的味道更加鲜明。

身体变得更好，更加健康！

香料的摄取量每天不断地增加。每次被人问道“元气满满呢！是香料的效果吗？”
就会觉得“应该是这样没错”。

成为大家眼中的重要人物！

在朋友的聚会或多人参加的活动中端出咖喱的机会大增。
虽然不保证会受异性的欢迎，但至少会成为一个受人喜爱的人气王。

熟悉异国的饮食文化！

香料咖喱的源头主要集中在印度及其周边国家。
印度料理中充满了神秘的美味元素，也因此，我几乎每年都得以前去出席相关活动。

当你读完上述内容，即使其中只有一项让你心生羡慕，就开始加入香料咖喱的生活吧！

但我知道一定会出现“但是……不过……”这种消极的心情和言词。

- 做香料咖喱好像很难。
- 不知道要从哪一种香料开始准备。
- 不知道要怎样使用香料。
- 虽然有试着做过，但味道也不太好。
- 能按照自己喜欢的口味来安排吗？

脑袋里会闪现许多难以跨越的门槛，然后就会变成“好像很困难，还是放弃好了”的想法。但没有关系，本书作者为那些所有停留在香料咖喱入门处，犹豫着想要怎么踏出第一步的各位，出版了这本《香料图解事典》，本书将会回答所有初学者的疑问。

而对于那些已经沉浸于香料世界中很长一段时间的人，本书中也充满了令人惊讶不可胜言的信息和技巧，因为这是一本真正集精华于一身的“百科全书”。

请各位以充满期待的心情来阅读这本书吧！

目录

第 1 章 香料咖喱中的香料 7

给想要了解香料魅力的人 8

干燥香料 Dry Spice 10

姜黄 Turmeric 12
红辣椒 Red Chili 14
芫荽 Coriander 16
孜然籽 Cumin 18
绿豆蔻 Cardamon 20
丁香 Clove 22
锡兰肉桂 Cinnamon 24
中国肉桂 Cassia 25
肉桂叶 Cinnamon leaf 26
月桂树叶 Laurel 26
芥末籽 Mustard 28
小茴香 Fennel 30
葫芦芭 Fenugreek 32
胡椒 Pepper 34
红椒粉 Paprika 36
印度阿魏 Assafoetida 37
番红花 Saffron 38
八角 Star anise 39
豆蔻核仁 Nutmeg 40
肉豆蔻皮 Mace 40
黑种草 Nigella 41
葛缕子 Caraway 42
大茴香 Anise 42
西芹籽 Celery 42
独活草 Ajwain/Ajowan 43
陈皮 Citrus unshiu peel 44
印度黑豆 Urad dal 45
鹰嘴豆 Chana dal 45

新鲜香料 Fresh Spice 46

洋葱 Onion 48
大蒜 Garlic 50
姜 Ginger 51
咖喱叶 Curry leaf 52
青辣椒 Green Chili 53
香菜 Coriander leaf 54
箭叶橙 Kaffir lime 55
露兜树叶 Screwpine 55
柠檬草（香茅草）Lemon grass 55
辣薄荷 Peppermint 56
鼠尾草 Sage 56
留兰香 Spearmint 56
罗勒 Basil 56
百里香 Thyme 57
奥勒冈 Oregano 57
莳萝 Dill 57
迷迭香 Rosemary 57
西洋芹 Celery 58
欧芹 Parsley 58
罗望子 Tamarind 59

综合香料 Mix Spice 60

葛拉姆马萨拉 Garam Masala 62
印度奶茶马萨拉 Chai masala 64
扁豆炖蔬菜马萨拉 Sambar masala 64
蔬果色拉马萨拉 Chat masala 64
炖饭马萨拉 Biryani masala 64
坦都里烧烤马萨拉 Tandoori masala 64
孟加拉国五香 Panch phoron 66
咖喱粉 Curry powder 67
烤咖喱粉 Roasted curry powder 67
法式香草束 Bouquet garni 68
砂糖 Sugar 69
盐 Salt 70

小专栏 1：新手的料理教室“咖喱栽培室”篇 72

第 2 章 香料咖喱食谱 75

给想要了解香料咖喱的你 76
常用厨具 78
香料鸡肉咖喱基础篇 80
食谱中没有写的 5 项重点 90
基础鸡肉咖喱 96
牛肉咖喱 100
肉末豌豆干咖喱 104
蔬菜咖喱 108
菠菜咖喱 112
鱼类咖喱 116
鹰嘴豆咖喱 118
羊肉咖喱 120
猪肉酸辣咖喱 122
鲜虾咖喱 124
奶油鸡肉咖喱 126
花菜咖喱 128

海瓜子咖喱 130
调制香料不失败的秘诀 132
给为选购香料而烦恼的人 134
香料等级 135
给想了解香料功能的人 136
给想了解制作香料咖喱法则的人 138
花菜土豆咖喱 140
炖猪肉咖喱 141
西餐厅牛肉咖喱 142
腰果鸡肉咖喱 143
夏季蔬菜鲜虾咖喱 144
海鲜绿咖喱 145
鸡肉末咖喱 146
土豆菠菜咖喱 147
欧风牛肉咖喱 148
招牌牛肉咖喱 149
日式咖喱 150
泰式黄咖喱 151
法式汤咖喱 152
茄子黑咖喱 153
乔麦面店咖喱盖饭 154
爽口蔬菜咖喱 155
鳕鱼香咖喱 156
三文鱼菠菜咖喱 157
姜汁鲜虾咖喱 158
罗勒鸡肉咖喱 159
柠檬鸡肉咖喱 160
炖鸡翅咖喱 161
小酒馆鲜虾咖喱 162
芜菁鸡肉丸咖喱 163
双汤咖喱 164
干式牛肉咖喱 165
花菜白咖喱 166
猪肋排咖喱 167
香料猪肉咖喱应用篇 168
香料鸡肉咖喱应用篇 169
小专栏 2：新手的料理教室“咖喱设计”篇 170

第 3 章　香料咖喱问答 173

关于香料的问答 174
关于工具的问答 179
关于食材的问答 180
关于头痛问题的问答 182
香料在料理中的应用 190
汉堡肉 190
嫩煎孜然猪排 190
法式蔬菜清汤 191
烤鲭鱼 191
姜汁猪肉 192
鸡肉芜菁葛煮 192
照烧鰤鱼 193
日式炸鸡 193
普罗旺斯杂烩 194
番茄风味坦都里烤鸡 194
印度炸蔬菜 195
香煎茄子 195
土豆色拉 196
胡萝卜色拉 196
炒秋葵 197
炒双菇 197
意式番茄起司色拉 198
香炒菠菜 198
拿坡里意大利面 199
蒜香辣椒蟹味菇意大利面 199
三文鱼香松盖饭 200
玉米炒饭 200
猪肉味噌汤 201
南瓜浓汤 201
萝卜干丝 202
凉拌烤茄子 202
食用辣油 203
味噌肉末 203
小专栏 3：新手的料理教室“不用眼睛做咖喱”篇 204

第 4 章　为什么香料咖喱那么迷人 207

香料的历史 208
香料观问卷调查 214
香料观问卷调查一览表 224

索引 226

结语 228

摄影：今清水隆宏　宗田育子（小专栏）
设计：根本真路
造型：西崎弥沙（原书封面，第1章，P96–130，章题页）
注：应中国国情，原著进行了部分删除和变更。

第1章

香料咖喱中的香料

香料是制作美味咖喱时
不可或缺的重要元素。
深入理解香料，让它的名称与外观、特性、
使用关键等逐一对应，
香料就会突然变身为日常不可或缺的存在，
做咖喱也会变得十分有趣。

给想要了解香料魅力的人

所谓香料，是以植物的某个使用部位进行加工的产物。包括现摘下来的新鲜香料，也有干燥的香料，也有经过炒熟、磨粉或熟成等制作程序的香料。随着外观形态的变化，香料的香气和特征也随之改变，让人看到它千变万化的风情。而凝聚众多香料的成品居然是如此美味的咖喱，这实在是一件不可思议的事。也正因如此，香料才充满万千魅力。

香料里含有具挥发性的精油成分，经加热后可以提炼出来。而此种精油据说有三个功能：增加香味、增添色彩和提升辣度。这三个功能对香料咖喱来说，最重要的就是增加香味。香味是万能的香料，因为香料的功能并不是增添食材的味道，而是赋予其香气，能够增加各式料理的味道和层次。

也许一提到香料，有人就会觉得那是刺激性的东西，像是辣味、苦味或是一些不习惯的香味等，但是不知为何，这些香草植物都有令人疗愈的特质。在香料的领域里，新鲜现采或是在意大利料理中使用的，称为香草，都带有正面的印象。香料和香草本就是同样的东西。其他也有称为佐料、蔬菜或中药的说法，但其中也含有香料的成分。反过来说，香料正是一种带有众多期望值的物品。

那么，具体说来可以想到的效果有哪些呢？与直接料理食材相比，在肉类、蔬菜或鱼类上使用香料，那独特的香气可以使食材的味道更为丰富有层次，即使不依赖调味料，也可以让料理有令人满意的味道。香料可以产生出像香味和辣味这种带有余韵、令人难以忘怀的味道。而且香料具有一定药用功效和减少食盐用量的效果，对身体的健康也有益处。

从上述各点看来，读者们是否开始觉得香料真是种好处多多的东西呢？那就对了，香料几乎让人无可挑剔。不过，错误的使用方法，或者是不熟悉如何使用时，当然无法产生令人期待的效果。所以，为了要充分感受香料的魅力，建议大家先阅读一些相关信息，然后实际接触香料，闻闻它的味道，再试着加入料理中。本书中会特别介绍香料咖喱中不可缺少的香料，让我们一起来认识各种香料、走进它们的世界吧！

姜黄粉

干燥姜黄

但是某天，我在思考葛拉姆马萨拉与咖喱粉的不同时，有了明确的答案。想要只用葛拉姆马萨拉来做咖喱，无法做得好吃。但是用咖喱粉的话就很美味。但它们分明同样是综合香料……我重新比对两种香料的成分，才发现咖喱粉中有而葛拉姆马萨拉中绝对不会出现的原料就是姜黄。

原来，姜黄是增加香气的香料啊！是这种香气增添了咖喱的美味。

从此之后，姜黄对我来说就变成珍宝般贵重，是种十分重要的香料。只要有姜黄就非常完美。就像是法式料理的主厨，在每次添加食材时，就要轻轻撒上盐巴一样，姜黄在料理中是带出食材鲜美滋味的重要帮手，也是咖喱中最不可缺少的香料。

实物大小

红辣椒 Red Chili

学名	Capsicum annuum
别称	唐辛子、卡宴辣椒
科目	茄科辣椒属，多年生草本
原产地	南美洲
使用部位	果实
味道	具有强烈刺激性的辣度和香味

功效	提升食欲，可改善胃弱、感冒、四肢冰凉的症状
特征	因为辣椒有耐热的特性，所以加热后也不会影响辣度。“Cayenne”不只是品种的名称，也是从法属圭亚那的卡宴（Cayenne）地区而来。“Chili Powder”则是指在南美洲使用的综合香料

我很久以前就喜欢香辣的料理。在舌尖可感受到辣味的刺激，心情舒畅，吞咽下去后身体便会慢慢地发热出汗。大脑因为受到辣度的刺激，总觉得有种食欲大增的感觉朝自己迎面扑来。即使在享用料理后也还会想要再度体验那种刺激感。几乎在所有的咖喱中掌握辣味的关键便是红辣椒。我虽然喜欢辛辣的料理，但辣度太过也是难以接受。

克什米尔红辣椒

辣椒籽

四川辣椒

我最喜欢这种丰富多样且富有层次的香气扑鼻而来，那种味道真是深得我心。有时甚至想把这些香料全都一股脑儿地加进咖喱中，但又会太辣。最适合我这种喜好的辣椒，正是克什米尔红辣椒。这款以印度克什米尔地区命名的辣椒，香气浓郁但辣度较低，是个完美的食材。我只要一入手这款在日本很难寻觅到的辣椒粉，就会情不自禁地大量加进咖喱中。可以从尚未磨碎的辣椒中取出辣椒籽，再进行翻炒，这也是另一种能让咖喱尽量带有香气但不过于辣的小秘诀。但我觉得红辣椒的香气应该更受大家瞩目才是。这么说来，我在印度清奈（Chennai）吃过的腌渍辣椒（Cured Chili）令我难以忘怀。那是种把辣椒放在酸奶中发酵，再取出油炸的特别食物。那时我把整条腌渍辣椒放进嘴里咀嚼，香气顿时在嘴里蔓延开来，实在是美味无比。如果在咖喱中不用红辣椒的话，做咖喱的欲望应该会顿时减半。

实物大小

芫荽
Coriander

学名	Coriandrum sativum L.
别称	胡荽、香菜、盐须
科目	伞形科芫荽属，一年生草本
原产地	地中海地区
使用部位	种子、叶子、茎部、根部
味道	有一种使人觉得畅快、清爽的香气，可以让料理的味道达到平衡完美的状态
功效	改善肝功能异常、胃弱、感冒、缓解发炎症状
特征	是个历史悠久的香料，在公元前1550年的医学典籍和梵文书籍中也有记载。芫荽籽虽然是指“种籽”的部分，但在植物学上则认为是“果实”。在市面上常可见到的棕色芫荽（brown coriander）为摩洛哥产，在香气中带有甜味的印度产芫荽则称为绿色芫荽（green coriander）

实物大小

当有人问道：“你最喜欢的香料是什么？”我一定毫不考虑地回答：“芫荽。”它那一股清新袭人的香气，让人全身舒畅。对我来说，美味的香料咖喱中不可缺少的存在正是芫荽。即使是不需要使用芫荽的咖喱，我也会忍不住想多少加一点点进去。甚至觉得全都是芫荽也无所谓。我之所以那么喜欢芫荽的原因，并不只是因为它迷人的香气。

另一个原因其实是因为芫荽曾经拯救了陷入苦恼中的我。我在初当上主厨、可以自己调配香料、制作咖喱时，有好一阵子为了要怎么调制香料而感到非常困扰。不知道要加入哪一种香料，而且要加多少量才能让咖喱中的香气显得协调。这个时候，我从出生于南印度的主厨那里听到“协调的香料”这个词汇。他一派轻松地向我说：“你把所有的香料都拿来，然后每一种都一点一点加进去试试看。最后再把大量的芫荽倒进去，就大功告成了！”

像揭穿魔术师障眼手法的这一串言论，果然不假。在了解了芫荽的角色后，我终于能够向一直苦恼于如何调制香料的日子告别。真是一辈子都无法忘记芫荽的帮助。希望芫荽可以一直担任我料理咖喱时的最佳帮手。

棕色芫荽籽
棕色芫荽粉
绿色芫荽籽
绿色芫荽粉

孜然籽
Cumin

学名	Cuminum cyminum
别称	印度称为“jeera”、茴香
科目	伞形科孜然芹属，一年生草本
原产地	埃及
使用部位	种子
味道	拥有独特强烈的香气
功效	提升食欲、改善肝功能异常，缓解胃弱、拉肚子的症状
特征	是葛拉姆马萨拉、咖喱粉、辣椒粉等综合香料中的灵魂。在非洲的古斯米料理（couscous）、美国的辣味肉酱（chili con carne）、中东的羊肉料理（Mutton），甚至是从蒙古到中国内陆地区，世界上许多地方都可以看见孜然的踪影

实物大小

烤过的孜然原形

孜然籽这种香料，是让我投入香料咖喱怀抱的初恋情人。在我一直使用咖喱块和咖喱粉制作咖喱的那一段时间里，某天，孜然突然悄悄地来到我身边。或许是它知道了点什么吧？想要告诉我在制作咖喱酱料前，先把孜然的原形香料放入油锅里炒，会做出好吃的咖喱吧？而结果真的是如此。

当孜然籽在热油中缓缓冒出泡泡，呈现美丽金黄色泽的同时，也开始传来从未曾体验过的强烈味道。这就是印度！我在那一瞬间顿时陷入了欢欣鼓舞的情绪中。我觉得孜然也许是在单一香料种类中，能让最多人联想到咖喱的香料吧！伞形科香料独具的清爽扑鼻，还有那种特别又令人上瘾的味道，成为咖喱酱料基底的一部分。放进口中咀嚼时，顿时在嘴里散发的刺激感也令人上瘾。

在孜然为我打开香料大门后的不久，因为开始接触其他各式各样的香料，孜然的存在感渐渐变弱了，我便离开了孜然的怀抱。是孜然啊！我也曾经有喜欢它的时候啊！这仿佛是怀念起从前恋人般的语气。如今我喜欢使用烤过后再磨成粉的孜然，将它撒在要起锅的咖喱上。这或许也是我的一点点成长。

烤过的孜然磨粉
孜然原形
孜然粉
用热油爆香过的孜然籽

绿豆蔻
Cardamon

学名	Elettaria Cardamomun
别称	小豆蔻
科目	姜科小豆蔻属，多年生草本
原产地	印度、斯里兰卡、马来半岛
使用部位	种子（果实）
味道	气味清新且芳香
功效	缓解腹泻、头痛、健忘、体能退化
特征	是价格仅次于番红花、香草的香料，有“香料之后”之称。另外，胡椒则有“香料之王”之称。把绿豆蔻漂白，则称为白豆蔻。此外，香豆蔻（Black cardamom）又称为大豆蔻（greater cardamom），是其近亲品种。会使用在中东国家的豆蔻咖啡或印度的马萨拉茶中

实物大小

相信大家常听到“香料之后”这个词汇。绿豆蔻的魅力即在于它高雅清新的香气，要说它“高贵”也不为过。我还会在发生讨厌的事情时，把鼻子凑进储藏绿豆蔻的密封罐中，深深地呼吸，不知为何，总是非常疗愈。但绿豆蔻的魅力不仅止于此，它那美丽的外表在所有香料中也是出类拔萃。那带着鲜艳黄绿色、纺锤形状的果实，有着整齐的长条纹，实在是很美丽。

当我造访因香料贸易发展而繁荣，并因此声名大噪的南印度卡拉拉邦香料市场时，在某间香料店里看见令人难以置信的便是绿豆蔻。那些绿豆蔻呈现出的鲜艳绿色，就像一整盘刚摘采下来的茶树嫩芽般翠绿。我想，即使用色笔上色，也无法出现如此漂亮的色彩，而它的香味也如同想象中出色。到目前为止，我所见过的绿豆蔻到底是些什么东西呢？原来最美丽的绿豆蔻，便是在卡拉拉邦。从那次之后，我每次拜访印度时，一定会去市场找漂亮的绿豆蔻带回日本。

另外，外表全然不同的香豆蔻也是种具有魅力的香料。它具有一种独特的烟熏焦臭味，是个拥有强烈独特香气的香料。在肉类的咖喱中加入少量的香豆蔻，一定会瞬间帮这道料理的美味程度加分，因为它在酱汁里增加了难以置信的层次。除了价格有点高之外，豆蔻实在是种非常棒的香料！

香豆蔻
香豆蔻粉
绿豆蔻
绿豆蔻粉

丁香
Clove

学名	Syzygium aromaticum
别称	丁子香
科目	桃金娘科蒲桃属，常绿乔木
原产地	印度尼西亚、东印度群岛、菲律宾南部
使用部位	花
味道	香甜且具有层次的丰富香气
功效	缓解神经痛、关节炎、头痛、胃弱、口臭的症状
特征	采收丁香木开花前未成熟的红色花蕾干燥制成，是种特殊部位的香料。自古以来，中国就有将丁香含进口中以消除口臭的用法。印度现在也有用咀嚼丁香来缓解牙痛的说法。从以前开始，西方就会在柑橘上铺满层层的丁香，当作柜子的芳香剂使用，同时也是伍斯特黑醋酱（Worcester sauce）的主要成分

实物大小

在我收集的信息中，日本喜爱咖喱的死忠粉丝，大都喜欢丁香。我脑海中可以快速浮现店名的东京都内咖喱餐馆，就有好几家弥漫着磨成粉状的丁香所散发出的阵阵香气，每间都人声鼎沸。我自己也有一阵子迷恋上丁香。静下来想一想，那种像喝中药般的强烈药味，很可能破坏了咖喱的味道，但不可思议的是这种独特而强烈的香气，可让人胃口大开、多吃好几碗饭。

丁香是摘下花苞后，干燥制成的香料。到底是谁想出把花苞当成香料来用的点子呢？而且从丁香花的外形来看，应该也无法联想到它的香气和颜色。干燥后非常坚硬的丁香，在用热油炒过后会慢慢膨起，放进料理中开始炖煮后，又会变得十分软烂。丁香粉带有强烈的香气，以前我在煮好咖喱要起锅前，会将丁香粉撒在咖喱上，但总会有种对不起这盘咖喱的感觉。

虽然我现在喜欢上丁香的味道，但在调配香料时，会综合考虑各种香料均衡比例，不再会毫无节制地使用丁香。在使用丁香原形时，一人份的咖喱大概会使用一颗到一颗半的丁香。只要不是做葛拉姆马萨拉的材料，我几乎不会使用粉末状的丁香。因为它的强烈影响力，要控制使用量也有些难度。

丁香粉
丁香原形

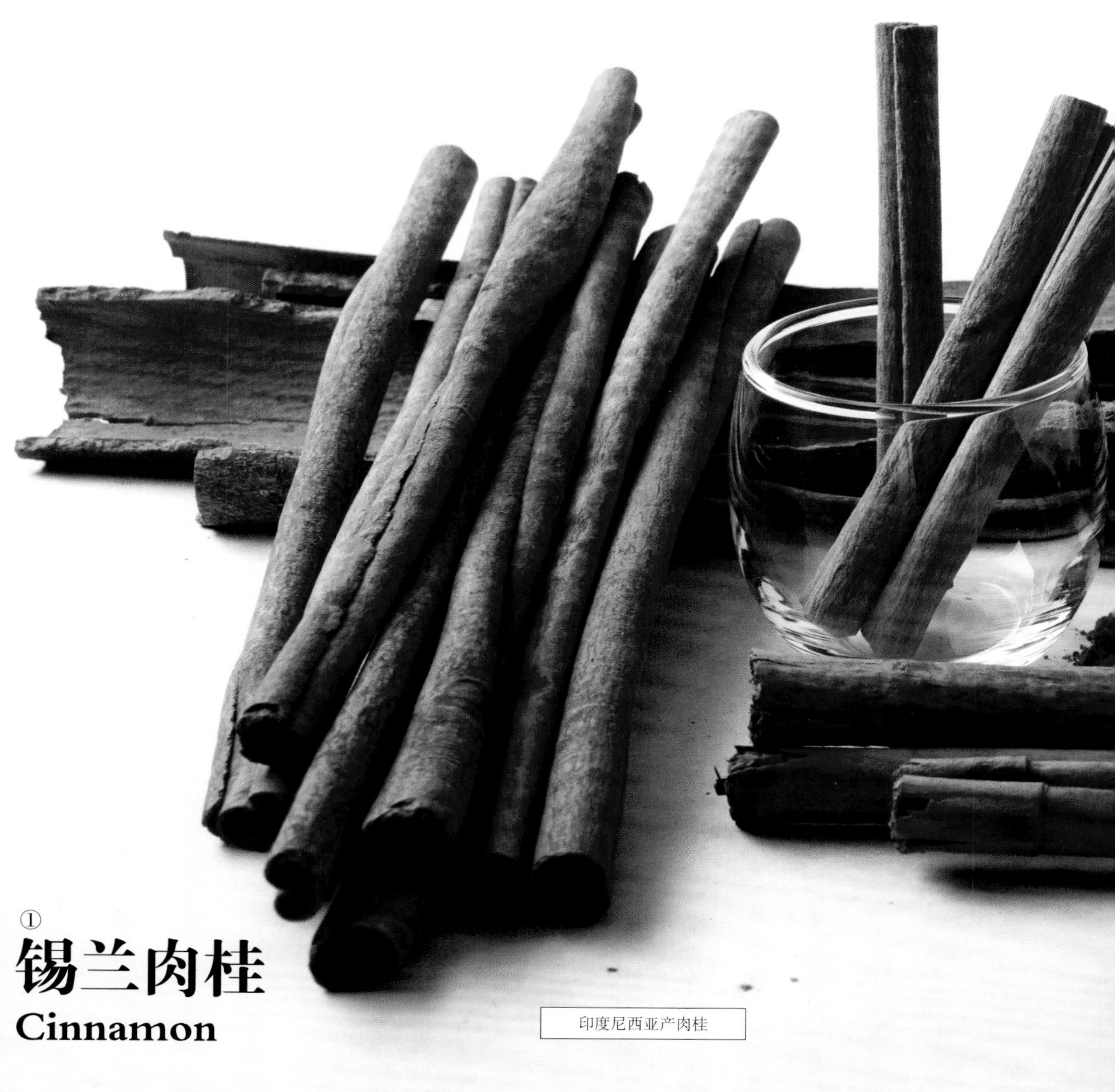

①

锡兰肉桂

Cinnamon

印度尼西亚产肉桂

① 锡兰肉桂

学名	Cinnamomum verum
别称	肉桂、桂皮
科目	樟科肉桂属，常绿乔木
原产地	斯里兰卡
使用部位	树皮

味道	微香甜且带有层次的气味
功效	能减缓感冒、失眠、压力过大的困扰，增强儿童体质
特征	是肉桂吐司、肉桂可可和京都和果子“八桥”的主要原料，具有萃取出甜味的功能。棒状的锡兰肉桂是取肉桂树最外层的优质树皮卷制而成。产于斯里兰卡的锡兰肉桂（Ceylon cinnamon），是肉桂中香气浓郁且本身带有甜味的高级品

② 中国肉桂

学名	Cinnamomum cassia
别称	玉桂、官桂
科目	樟科樟属，常绿乔木
原产地	阿萨姆地区、缅甸北部
使用部位	树皮、果实、叶子

味道	具有强烈的甜味与涩味
功效	能滋补强身，改善腹泻、呕吐及腹部胀痛的症状
特征	为中国料理中不可或缺的材料，也可使用于综合香料的五香粉中。与锡兰肉桂相比，中国肉桂的气味较为原始粗旷，市场上多认为锡兰肉桂的质量较佳

印度产中国肉桂

②
中国肉桂
Cassia

斯里兰卡产锡兰肉桂

在即将大功告成的咖喱中加入一些桂皮，便能让这道咖喱的风味弥漫着地道的感觉。仅仅这一点，我便觉得肉桂实在是个伟大的香料。我无法忘记初次与斯里兰卡锡兰肉桂相遇时的事。那让我顿时感受到一阵冲击，世界上居然存在着香气如此浓郁的肉桂？继续咀嚼，出现了一股甜味，更是惊为天人。这是从树木的外皮做成的吗？有种像是用烟草卷起的感觉。

虽然我喜欢在咖喱中加进肉桂，但也会小心使用。我从没有用过粉状的肉桂，都是用肉桂原形放进油锅内翻炒，但使用过量的话也会破坏整体的味道。有时也曾经发生过变成难吃到无法挽回的情况。顺便一提，在我的印象中，锡兰肉桂适合搭配甜点，而中国肉桂则适合料理咸味的菜肴。因此，我觉得中国肉桂比较适合搭配印度咖喱。

实物大小

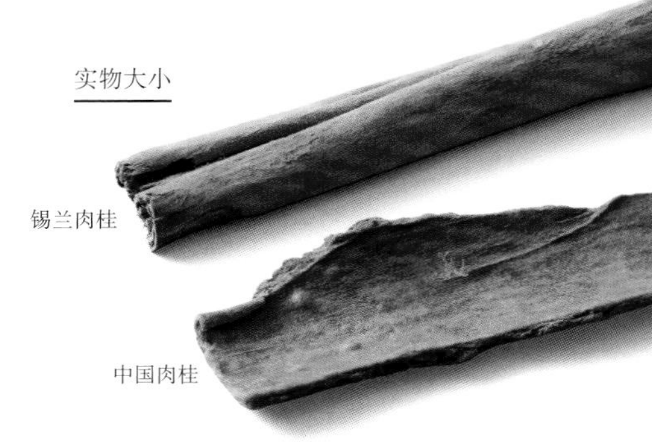

肉桂叶 Cinnamon leaf

学名	Cinnamomum cassia
别称	月桂叶、中国肉桂
科目	樟科樟属，常绿乔木
原产地	阿萨姆地区、缅甸北部
使用部位	树皮、果实、叶子
味道	具有强烈的甜味与涩味

功效	能滋补强身，改善腹泻、呕吐及腹部胀痛的症状
特征	在印度料理中所指的月桂叶（Bay leave），并不是月桂树的叶子，而是中国肉桂的叶子，或是锡兰肉桂的叶子，所以也称为印度月桂叶

月桂树叶 Laurel

学名	Laurus nobilis
别称	月桂叶
科目	樟科月桂属，常绿乔木
原产地	欧洲、亚洲西部
使用部位	叶子、果实
味道	细腻清新的香味
功效	可缓解神经痛、关节炎、瘀血肿胀、扭伤的症状

特征	在希腊中象征荣耀的月桂冠即是以此种叶片做成。在炖猪肉或法式清汤（Bouillon）等菜色中是不可或缺的食材，也是法国香草束（bouquet garni）的其中一种材料。在新鲜的状态下，叶片带有苦涩味，经过干燥处理后便会产生迷人香气。

实物大小

我在认识肉桂叶（Cinnamon leaf）之前，一直认为在印度料理中所指的月桂叶，就是月桂树叶（Laurel）。我曾经去拜访过南印度Thekkady这个位于山区的香料小镇。当地导游的老伯伯指着一颗巨大的树木问说："你知道这是什么吗？"然后递给我一片树叶。大大的叶片上有着三条纵长形的叶脉，撕碎叶片后用鼻子闻了一下，是肉桂的香气。我不敢相信这种香气是从叶片中传来，而不是经由树皮传出。然后，理所当然的，我理解到这种香气与在萃取法式清汤时使用的月桂树叶，是完全不同的。香料是种植物，肉桂教会了我这件理所当然的事。在日本可以买到的干燥肉桂叶，多是香气已消散多时，凭良心来说，我觉得即使加进咖喱也没有什么太大的作用。尽管如此，我仍然相信有香料的魔法存在。

月桂树叶
肉桂叶

芥末籽
Mustard

学名	Brassica nigra（黑芥）、Sinapis alba（白芥）
别称	黄芥末
科目	十字花科十字花属（黑芥）、十字花科欧白芥属（白芥）
原产地	印度（棕芥）、南欧（黑芥）
使用部位	种子
味道	微苦和柔和的辣味
功效	增强食欲，改善胃弱、便秘、肌肉酸痛的症状
特征	是日本辣酱、黄芥末酱的原料。在东方香料进入欧洲前的中世纪时代，唯有芥末是平民百姓都能够用来调味的香料，可见其运用的范围之广。白芥末是另外一个品种，外表微黄，颗粒较小的种类则称微黄芥末

实物大小

芥末籽在滚烫的油锅里翻滚时，对美味咖喱的期待会顿时提升。与此同时，放入葫芦芭籽或红辣椒一起拌炒，或者之后加入小扁豆或茴香籽，但锅内的主角仍旧是芥末籽。

虽然芥末籽多被分类为辛辣香料，但坦白说我并不认同。在咖喱中使用芥末的目的并不在于增加辣度，因为在翻炒芥末籽的过程中，并不会产生太多辣味。那为什么要用芥末籽呢？这仍然是个谜团。在南印度料理中使用芥末籽的目的不在于增添辣度，而是想增加香气，没有芥末籽就无法产生那种坚果般诱人、令人食欲大开的香气。在大部分的情况下，芥末籽都是直接以颗粒状使用，只有在料理酸辣猪肉（Pork Vindaloo）这道印度果亚邦（Goa）的料理时，我才会对磨成粉状的芥末着迷。将这种与颗粒状芥末截然不同的强烈香气及辣味加进咖喱，咖喱风味即刻变得层次分明而有深度。在东印度加尔各答，我在对使用芥末籽油处理的孟加拉国料理赞不绝口时，才又发现了芥末的另外一种风貌。那种独特的香气带出了食材内部的深层美味，芥末正是在此大显身手。忍不住要高呼“芥末万岁！”。

八角
Star anise

实物大小

学名	Illicium verum
别称	八角茴香
科目	木兰科八角属、常绿乔木
原产地	中国南部、越南
使用部位	果实
味道	富有层次的特殊香气
功效	预防口臭、止咳、改善风湿
特征	成熟的果实打开后，呈现八角星形的状态，并由此得名。另外，因为外表呈现星星形状，气味类似茴香，所以英语名为Star anise。适合搭配肉类料理，但也会使用在鸡汤、或海鲜类的汤品中

如果不认识八角这种香料，会以为长成这样八角形状的东西，是小孩的玩具吗？虽然说是星形，但不是五角形，而是八角形。把这种东西加进咖喱中，可能会变得很恐怖吧？有很长的一段时间，我只是冷眼对待这种香料，并且一直忽略它的存在。应该只有在用猪肉炖肉时才会用到八角吧？这样一想，它似乎很适合搭配肉类的咖喱。那我之前怎么都没有想到这种事呢？一直到现在才来后悔。我会在制作咖喱时放心地加入八角，是在料理南印度喀拉拉邦称为“喀拉拉浓汤”的蔬菜咖喱时。要煮肉类时还可以加八角，蔬菜料理时也可以用吗？我内心一边这样想着，一边半信半疑地制作，但成品居然还挺好吃。原来这种具有强烈特殊香气的香料，只要酌量使用，就可为料理带来富有层次的鲜美味道。顺道一提，原产地为南印度的杨桃，虽然是五角星形，但是属酢浆草科的常绿乔木，是完全不同种类的植物。

学名	Myristica fragrans
别称	肉蔻
科目	肉豆蔻科肉豆蔻属，常绿乔木
原产地	东印度群岛、摩鹿加群岛
使用部位	豆蔻核仁：种子的果核、果实；肉豆蔻皮：假种皮
味道	淡淡的香甜与充满异国风情的香气
功效	改善肠胃炎、低血压、食欲不振、压力繁重
特征	种子的果核可制成豆蔻核仁，可再加以研磨，将它磨成粉使用。为了要去除肉类的腥味，也会使用在日式汉堡肉中。大量食用会出现幻觉及嗜睡的现象。覆盖着果核的假种皮部分，可制成肉豆蔻皮

我不会直接把豆蔻核仁的粉末大量加进咖喱中。如果可以使用在制作汉堡肉时，那应该很适合用在羊肉豌豆干咖喱（KEEMA MATTR）中。虽这么说，如果像使用孜然或芫荽那样的方法来使用豆蔻核仁粉末，那浓烈的苦味可能会破坏了整体风味的协调。不过，很适合以适当的份量与其他香料调制成综合香料。代表综合香料的葛拉姆马萨拉，和我最喜欢的蔬果色拉马萨拉中，都可见到豆蔻核仁粉末的踪影，便是一个证明。据说在中古世纪的欧洲，被定位为麻醉药品而禁止摄取太多的份量。不知道这种说法的可信度有多少，但我想要有一天可以拥有小型的豆蔻核仁专用磨粉器并随身携带，可以轻松地将豆蔻核仁磨成粉末，试着加入各种各样的料理之中。

至于肉豆蔻皮的部分，常见的用法是放进油锅中翻炒来制作咖喱的基底香料。那种特殊又强烈的香气，可以带给鸡肉咖喱更多的层次，增加其风味。也可以在煮米饭时加一点进去试试。

实物大小

豆蔻核仁 Nutmeg

肉豆蔻皮 Mace

学名	Nigella sativa
别称	卡隆吉（印度名）
科目	毛茛科黑种草属，一年生草本
原产地	西亚、南欧、中东一带
使用部位	种子
味道	兼具苦味和甜味的特殊香气
功效	有止痛、抗氧化的功能，可改善低血压的症状
特征	在英语中称为“雾中的爱”。是印度、匈牙利料理中使用的综合香料和孟加拉国五香的原料之一。在法国的综合香料“四种香料”里也可见到它的踪迹。人们常常将它与黑茴香、孜然混肴，但它与伞形科的孜然截然不同。另外印度将它称为卡隆吉（kalonji），意为“黑色洋葱的种子”，所以也有人将它称为洋葱籽，但它与洋葱完全没有关系

这种深黑色的香料，实在是个让人烦恼的存在。因为它又称为黑茴香（黑孜然），容易让人误以为它跟茴香是近亲，但其实两者一点关系也没有。又因为也有人称它为洋葱籽，所以也容易被认为是洋葱的种子，结果也没猜对，因为它的气味与洋葱完全不同。在那带有焦臭苦味的深处，还有一丝丝的香甜。

关于这个香料我唯一获得的信息，是在孟加拉国料理中经常使用的孟加拉国五香，它是其中的原料之一。但这到底会对咖喱带来什么影响呢？实际上至今为止我都不了解黑种草的正确使用方法。因为孟加拉国五香是我喜爱的香料，所以常常用到黑种草。尤其在常使用淡水鱼类的孟加拉国料理中更是黑种草大展身手的时刻。在制作特殊味道的鱼种或虾类咖喱料理时，会大量加入孟加拉国五香一起翻炒。偶尔会将它单独放在油锅中炒，味道也挺不错。

①
葛缕子
Caraway
②
大茴香
Anise
③
西芹籽
Celery

洋葱 Onion

学名	Allium cepa
别称	日本又称为玉葱（tamanegi）
科目	百合科葱属
原产地	亚洲
使用部位	叶片、鳞茎
味道	具有刺激性的辛辣和苦甜味
功效	缓解便秘、失眠、痛风、浮肿的症状，促进食欲

特征	从公元前即已进行人工栽培，在埃及，建造金字塔的劳动阶级，便通过食用洋葱来增加体力。生洋葱中特有的刺鼻气味是硫化丙烯成分的关系，也是辣味的主要来源，但加热过后便会消失，甘甜味凸显出来

做咖喱的人对洋葱这种食材的关注总是高于常人。洋葱在新鲜的状态时，拥有刺鼻的臭味和辣度，但这些一经加热便会转成甘甜的味道，是个很不可思议的蔬菜。因为含有大量水分，拌炒会使洋葱脱水，进而锁住甘甜是常用的手法。顺带一提，在印度，因为较重视洋葱的香气甚于甜味，几乎没有人将洋葱炒软到焦

紫洋葱

糖色。

和洋葱同样属于葱属且类似的近亲植物很多，有时也难以分辨。紫洋葱因为呈现紫红色而得名，其特征为水分较多但辛辣味较少。印度的洋葱多为这种颜色，但外形较小，水分含量也少，味道强烈，也有称为picolos的小洋葱。法语中称为Échalote的珠葱（红葱头），是主要会在西方料理中出现的香味蔬菜，英语称为香菜（shallot）。在日本称为eshaletto（エシヤレット）的东西是指“藠荞”，名字非常相似，很容易搞混。也许是因为国外有Échalote的蔬菜，才将藠荞称为eshaletto。

外形长得像葱的植物还有韭葱（leek），是原产于地中海的蔬菜，在法国称为Poireau，外形长得像日本的下仁田葱，较一般葱来得粗壮，味道较甜。在烹煮香料咖喱时，多使用洋葱，而以上这些属于葱属的近亲植物，因为加热后可带出甘甜的味道，也常作为洋葱的代替品。将葱切成细碎的葱花来做成咖喱，也是一道美味佳肴。

大蒜

Garlic

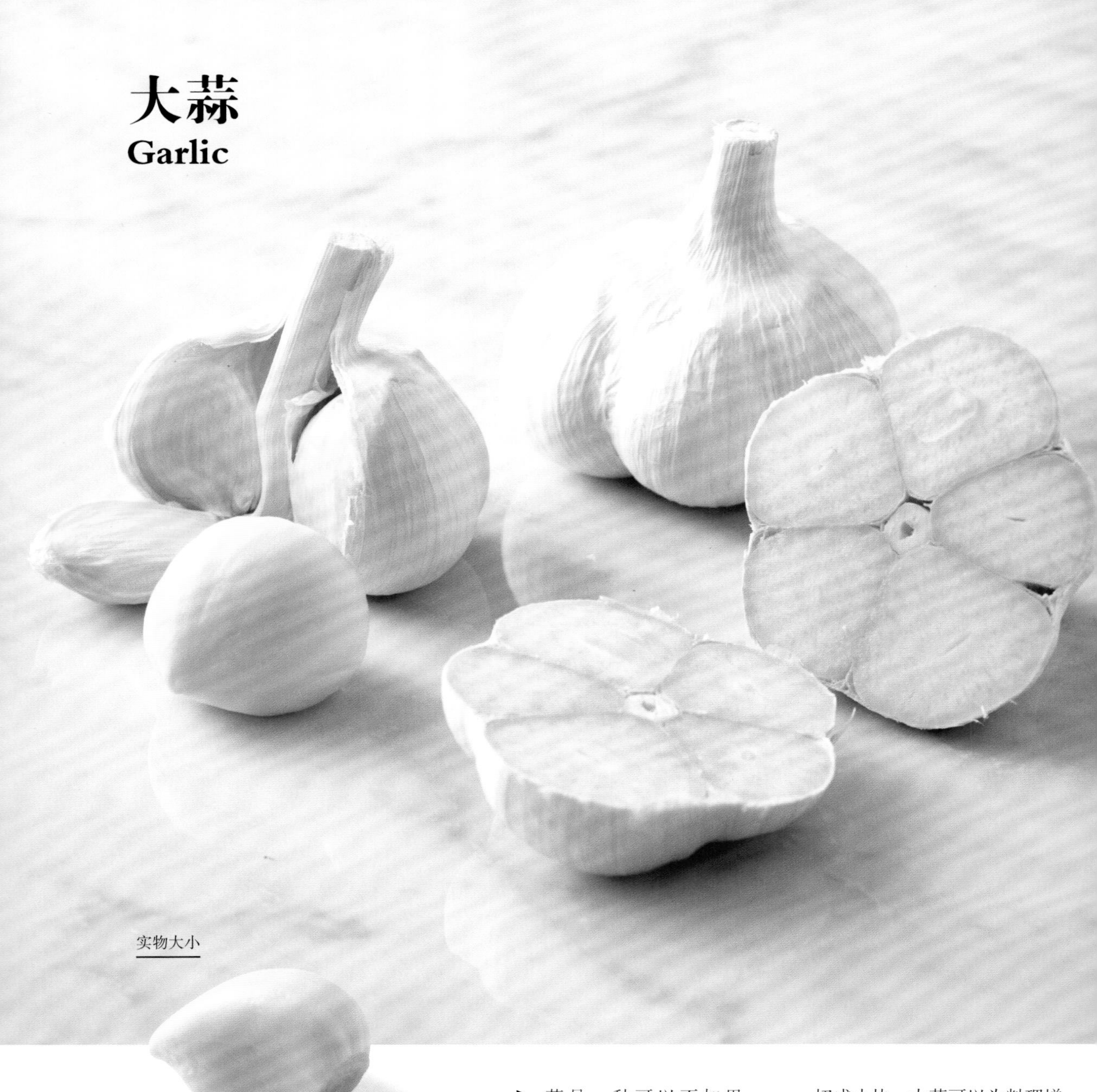

实物大小

学名	Allium satium
别称	蒜
科目	百合科葱属，多年生草本
原产地	亚洲
使用部位	鳞茎
味道	带些许苦味的强烈香气
功效	可减轻便秘、感冒、肥胖、高血压和动脉硬化的症状
特征	印度传统医学（阿育吠陀）深信，大蒜有返老还童的功能，也有杀菌及抗氧化的作用。在加热时散发的独特蒜臭味，有促进食欲的功能

大蒜是一种可以不加思索、随兴抓取份量加入咖喱的香料。在料理时可以不需任何思考，双手快速动作。选择切成蒜末，或是磨成泥，要动脑的大概也只有这些。但大蒜在香料咖喱中的地位，却异常重要。它那独特的风味和强烈的香气，在香料中可算是数一数二的存在。加热后更可增加其香味。若在大火下用热油爆香，那香气更是令人无法抵挡。也就是说，大蒜是种非常适合为咖喱基底增添风味的香料。

切成小块，大蒜可以为料理增加一点蒜味，磨成泥，大蒜的香气会充分融入料理中。因为通常都会和姜一起使用，在印度餐厅的厨房里都会事先备好同样份量的蒜泥和姜泥，称为GG或G&G，也就是Ginger&Garlic的简称。虽然需要翻炒至去除腥味，但增加使用份量的话就会增加食材的鲜美，是种方便使用的香料。

姜
Ginger

实物大小

学名	Zingiber officinale
别称	日文称为shouga（しょうが）
科目	姜科姜属，多年生草本
原产地	印度、中国
使用部位	根
味道	带有土香及阵阵辣味
功效	缓解感冒、四肢冰冷、胃弱、晕车的症状，也可增进食欲
特征	在亚洲一带多与大蒜一起搭配使用。也会使用在姜饼、姜茶、糖渍食品中，与带有甜味的食材搭配，均衡甜腻的味道

姜与大蒜同样都是在制作咖喱基底时增添香气所使用的食材。它与大蒜最大的不同点在于姜大都用在起锅时的增香上。在炖煮料理时的后半部分，放进姜丝稍微搅拌，或是在完成的咖喱旁作为点缀，姜的清香担任着突出料理整体风味的重要角色。因此，十分适合使用在油脂较多的羊肉及牛肉咖喱中。

姜还有另外一个地方与大蒜不同，就是它不仅只有香味，还有辣味。因为提到辛辣的料理，多是以辣椒、胡椒、芥末为主，较少注意到姜。不过，加入大量的姜泥炒制基底，可以使咖喱在感受到清爽的姜味外，还有渐渐从舌根传来、底蕴丰富的辛辣感。因此，我在制作咖喱时，可以没有大蒜，但不会不放姜。姜真是种伟大的香料。

咖喱叶

Curry leaf

学名	Murraya koenigii
别称	南洋山椒、大叶月橘
科目	芸香科月橘属，常绿乔木
原产地	印度
使用部位	叶片
味道	令人联想到咖喱的柑橘香
功效	增进食欲、减缓发烧的症状、强身壮体
特征	除了南印度和斯里兰卡之外，喜马拉雅山区也是其原产地。新鲜叶片和干燥叶子的香气差距甚大。有许多印度人在自己家里种植咖喱叶，在日本因为冬天寒冷，不易栽种，所以生鲜的咖喱叶是很珍贵的香料。在南印度及斯里兰卡料理中是非常重要的香料

这个香料有着“咖喱叶”这个厉害的名字，是因为把此种植物的叶子撕碎后，本身即散发出一股咖喱的香气，故而得名。长出这种叶子的树，理所当然地称为“咖喱树”。在南印度和斯里兰卡等全年气温较高的地方，有的咖喱树甚至可以长成超过5米高的大树。但因为不耐寒冷，咖喱树在温带地区难以栽植。

虽这么说，但我在自己家里种植咖喱叶已经有7~8年。高度大约是一个成人高，之后应该也不会再往上长，但在春天来时会长出嫩绿的树叶，果实成熟掉落后，也会长出新芽。我会将它换盆，分送给朋友。新鲜的咖喱叶有浓郁的香气，但在日本买到的干燥叶片香味却很淡。

一位在日本工作的南印度主厨看到新鲜的咖喱叶时，兴奋地嚷着：“这是咖喱叶啊！咖喱叶！”咖喱叶便是如此具有魅力的香料。

青辣椒
Green Chili

学名	Capsicum annuum
别称	唐辛子、卡宴辣椒
科目	茄科辣椒属，多年生草本
原产地	南美
使用部位	根茎、果实
味道	强烈刺激性的辛辣和香气
功效	增进食欲，改善胃弱、感冒、四肢冰冷的症状
特征	因为辣椒有耐热的特性，所以加热后也不会对辣度有所影响。在果实成熟前的青涩状态下（大约在种植后的第三个月）采收。生鲜的青辣椒含有丰富的维生素C，可协助碳水化合物的消化作用。除了强烈的辛辣外，还有独特的香气，在印度料理中是个十分重要的食材

在日本，如果在家附近的超市里看到青辣椒，建议不管如何先将它买来放着。因为它不是种可以简单买到的香料，十分珍贵。在香料咖喱中青辣椒的作用在于增加香味和辣度。那青涩的香气一经加热，即变身成为馥郁的香气，只要尝试过一次后就会上瘾。青辣椒具有不经炒制就不会产生的香气，虽然可以用日式小青椒（Shishito）或青椒代替，但却远远不敌正统青辣椒的魅力。

将青辣椒纵切一刀，再放进料理中炖煮，或者是切丁后再用油热炒均可。其炒制的时间，与洋葱、大蒜、姜等相同，炒到去除它的青涩味即可。如果要用在印度一种类似菠菜或芥菜、称为“Saag”的青菜制作咖喱时，可与青菜一起放进沸水中加热煮熟后，再以食物调理机打成泥状。在多种处理方式下，都可以增加料理的风味和辣度。

香菜
Coriander leaf

学名	Coriandrum sativum L.
别称	泰语称为Phakchi、芫荽、盐须
科目	伞形科芫荽属，一年生草本
原产地	地中海地区
使用部位	种子、叶子、茎部、根部
味道	清新的香气
功效	改善肝功能异常、胃弱、感冒、发炎症状
特征	是个历史悠久的香料，在公元前1550年的医学典籍和梵文书籍中也有记载。喜欢香菜味道的人与厌恶此味道的人明显分为两种派别，习惯了它的味道后通常难以抗拒。Phakchi的称呼来自泰语，在日文中也是香菜的通称

我不喜欢香菜。以前一直觉得怎么会有人吃这么难吃的东西呢？我在某间泰式咖喱餐厅中这样讲着，餐厅老板便给我一个奇怪的建议："你忍耐个10次试着吃下去，到第11次时就会上瘾。"我不疑有它，忍耐着香菜的气味老实照做，但也忘记是否是在第11次时，便不知不觉地爱上这个味道。原本觉得带青草涩味和刺激性味道的香菜，竟然令我感受到一阵令人神清气爽的香气。在香料咖喱起锅前加进香菜，可以带出料理整体的风味，让咖喱更好吃。

香菜就是英文中称为Coriander（芫荽）的香料。可将其干燥的种子碾碎或者磨成粉末使用，但使用其他部位时大多用新鲜的植株。可以将整把香菜打成泥状使用，或者是将叶子撒在料理上当成摆盘的装饰。我喜欢把香菜的根部或茎部下方切碎，先在料理时炒熟，剩下的部分再大致切过，于料理起锅前拌入。香菜多使用在泰式料理上，但印度料理中也十分常见。

①箭叶橙

学名	Citrus hystrix
别称	泰国莱姆、卡菲尔莱姆、马蜂橙、日语称为瘤蜜柑
科目	芸香科柑橘属
原产地	东南亚
使用部位	叶片、外皮
味道	类似柠檬的清香
功效	可杀菌、防腐、减轻腹痛
特征	在泰式酸辣虾汤（TOM YUM KUNG）或泰式咖喱中是不可或缺的食材。外形像是两片叶子连在一起似的，十分特别。也会使用其带有苦味的外皮

②露兜树叶

学名	Pandanus odoratissimus
别称	七叶兰
科目	露兜树科露兜树属
原产地	亚洲南部
使用部位	叶片
味道	类似香米的强烈芳香
功效	尚未得知
特征	特征为叶片像剑一般细长，叶子前端成尖状，带有光亮的色泽。在印度料理中会使用在肉类上，在斯里兰卡咖喱中是不可或缺的著名香料

③柠檬草

学名	Cymbopogon citratus
别称	柠檬香茅
科目	禾本科香茅属，多年生草本
原产地	热带亚洲
使用部位	茎部、叶片
味道	类似柠檬的清新香气
功效	促进消化，可改善感冒、腹泻的症状，预防贫血
特征	一般人认为在泰式料理中经常见到，但印度在数千年前便将其定位为药草。现在的印度咖喱中，也有不少做法会用到柠檬草

①辣薄荷

学名	Memha × piperita
别称	胡椒薄荷、椒样薄荷
科目	唇形科薄荷属
原产地	地中海沿岸、欧洲一带
使用部位	花、茎部、叶片
味道	具刺激性的香甜气味
功效	抗过敏
特征	是绿薄荷（Spearmint）与水薄荷（Watermint）混种而成。比绿薄荷的香气来得强烈，叶片不易萎缩也较柔软

②鼠尾草

学名	Salvia officinalis
别称	Common Sage、药用鼠尾草
科目	唇形科鼠尾草属
原产地	地中海沿岸、北非一带
使用部位	叶片
味道	清爽香气及淡淡苦味
功效	具抗氧化功能、能改善贫血、喉咙痛、口腔炎的症状
特征	在中世纪的欧洲有“长生不老的香草”之称。新鲜的叶片带有丝绒般的触感。是制作香肠的原料，据说其名称即是源于此

③百里香

学名	Thymus vulgaris
别称	日本称为立麝香草、Common thyme
科目	唇形科百里香属
原产地	欧洲、北非、亚洲
使用部位	叶子、花
味道	显著的香气及适当的苦味
功效	缓解胃弱、头痛、神经性疾病、疲劳及鼻炎的症状
特征	其名称来自希腊语的“thyo”，意为清新的香气。据说是有抗菌效果的香草，多使用在香肠、腌黄瓜、酱料等能长期保存的食品中。即使加热后也不减其香味，适合炖煮类的料理

④奥勒冈

学名	Origanum vulgare
别称	牛至、日文又称为“花薄荷”（ハナハッカ）
科目	唇形科牛至属
原产地	欧洲
使用部位	叶片
味道	具些微苦味及带有清凉感的香味
功效	缓解头痛、肠胃、呼吸系统疾病的症状
特征	多使用在意大利料理和墨西哥料理中，适合搭配番茄和起司。在称为“披萨香料”的产品中大多可见到它的踪影

⑤留兰香

学名	Mentha spicata
别称	荷兰薄荷
科目	唇形科薄荷属
原产地	地中海沿岸
使用部位	花、茎部、叶片
味道	具些微刺激性的甜香
功效	有杀菌、防腐、提神，舒缓心理疲劳的作用
特征	叶片比辣薄荷大，有些皱褶，叶缘成锯齿状。香气没有辣薄荷浓

葛拉姆马萨拉 Garam masala

主要使用香料

绿豆蔻、丁香、肉桂、月桂叶、黑胡椒、豆蔻核仁、孜然、黑豆蔻等

特征

将7~8种香料干炒，然后磨粉混合而成。Garam有“热”的意思，Masala指混合物的意义。虽然有人将其解释成辣味的综合香料，但其中具有辣度的原料只有黑胡椒。所以一般情况下调制的葛拉姆马萨拉并不会有明显的辣度

在咖喱的世界中，应该再也没有像葛拉姆马萨拉般风靡世界的香料了！因为不是单一香料，而是用复合种类的香料混合而成，多元繁复的香气是其特征。在咖喱要起锅前，加一点葛拉姆马萨拉，马上就可变身为正统印度咖喱，宛若是个魔法香料粉。而且，每个印度家庭对葛拉姆马萨拉

的调配，都有自己独特的配方，所以有无数种葛拉姆马萨拉的存在。

虽然葛拉姆马萨拉的香气迷人，但我却不太喜欢常用它。因为我认为应该结合想做的咖喱和使用的食材，单独组合调制香料，才是香料有效的使用方式。如果不论什么食材都加进葛拉姆马萨拉，那料理的风味便会显得单调。就像用酱油加进所有的日本料理中一样，葛拉姆马萨拉的那种强烈香气便让我产生这种感觉。

常有人问我葛拉姆马萨拉和咖喱粉的不同，像“可以用葛拉姆马萨拉来代替咖喱粉制作咖喱吗？”其实只要知道咖喱粉中不可缺少的香料有姜黄、红辣椒、芫荽等，那两者的差异便十分明显。我在印度没有看过葛拉姆马萨拉里面有加进姜黄和红辣椒的。葛拉姆马萨拉不可能成为香料咖喱风味的主角，而应将其定位为调味的有力帮手。

①
印度奶茶马萨拉
Chai masala
②
扁豆炖蔬菜马萨拉
Sambar masala
③
蔬果色拉马萨拉
Chat masala
④
炖饭马萨拉
Biryani masala
⑤
坦都里烧烤马萨拉
Tandoori masala

粉状香料的姜黄（球根）、红辣椒（果实）、芫荽（种子）和盐；最后再加入水煮开，放入鸡肉和香菜（叶子、茎部、根部）拌匀。

在这个食谱中，令人惊讶的是几乎植物的所有部位都参与了其中。在做了这道咖喱后，如果再加上煮了番红花饭（花蕊），搭配餐后以绿豆蔻（果实）、丁香（花蕊）、肉桂（树皮）、煮成的红茶（叶片），就可以说是一网打尽了植物所有的部位。而且属于植物以外的食材只有鸡肉、水和盐。这样一想，便可以了解到香料咖喱是种多么浓缩精华于一身且对身体有益的料理。这真是一项了不起的发现，我自己像要在研究学者齐聚一堂的学术会议中发表论文一样兴奋。

就这样，第一次料理教室“咖喱栽培室”就开始了！每次限定30人参加，但每一次都出现好几位候补，人气超旺。用种子做的鸡肉咖喱、用根部做的羊肉咖喱、用叶子做的蔬菜咖喱、用果实做的鱼肉咖喱、用豆子做的豆类咖喱等，我成功地“栽培”出各式各样的咖喱。最后一次的豆类咖喱主题，原本担心学员们会觉得这是滥竽充数的内容，但在介绍以使用香料的方式烹煮印度黑豆和鹰嘴豆后，所有学员都觉得非常有收获。

在一般的情况下，香料都是像商品般陈列在超市货架上，或者是在网络上贩卖，很难给人“香料也是来自植物”的印象。我认为在“咖喱栽培室”的课程里，正好可以透过香料咖喱的制作过程，重新让学员再次接触这项理所当然的概念。从户外摘采花草树木的一个部位，再用其他方式处理的结果，便会成为一道美味的咖喱，这不是一件很美好的事吗？

第2章

香料咖喱食谱

要做出美味的香料咖喱，
绝对不可缺少浅显易懂的食谱。
只要有了食谱，不管是肉类咖喱、
蔬菜咖喱、海鲜咖喱或是印度咖喱、
泰式咖喱、欧风咖喱，
都可以自己动手完成。

给想要了解香料咖喱的你

只用香料制作

只使用香料，就可以做出香料咖喱。
不用市售的咖喱块、咖喱粉或咖喱酱。
这样也可以做出咖喱吗？当然可以。

不使用调味料也可以

在香料咖喱中使用的材料非常单纯。
除了香料以外，就是油、水和盐，然后就是肉类和蔬菜等食材。
不依赖调味料也可以十分好吃。

方法简单且风味地道

烹煮香料咖喱的步骤非常简单。
只要遵守一定的规则，在炒锅内加入食材和香料，
之后再加以翻炒即可完成。实际动手做做看便可以了解。

可带出食材本身的美味

香料咖喱可以让人重新发现一般食材不为人知的美味。
因为香料的香气和辣味可以提炼出隐藏于食材深处的风味。

种类丰富多样

香料咖喱在味道、外表和口感上都有多样的变化。
有丰富的组合搭配方式。
根据要烹煮咖喱的种类不同，可以使用不同种类的香料。

有益于健康且吃不腻

香料咖喱是有益于身体且吃再多次也不会腻的咖喱。
所以可以摄取各种各样据说有疗效的香料。

简单又地道的香料咖喱!

常用厨具

平底锅

可以单手握住的平底锅便于翻炒。锅本身较厚且经不粘处理表面者，相对不易烧焦，有一点深度的平底锅，也较适合炖煮。建议大家购买可以当炖煮锅使用，或者是有点深度的锅。在本书的食谱中，都是使用此类的平底锅。

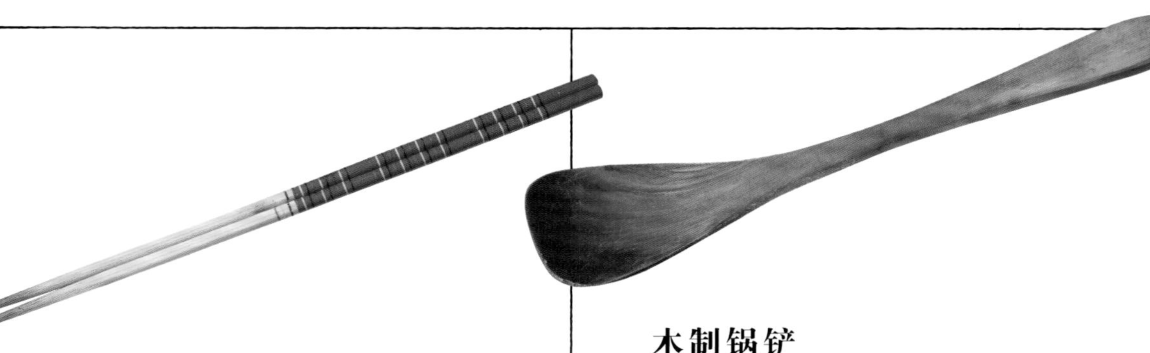

料理用长筷

与一般家庭中使用的相同，在制作香料配菜时很方便。准备一双自己惯于使用的料理用长筷即可。

木制锅铲

不管在翻炒食材或是炖煮料理时，可以完全接触平底锅内侧的木制锅铲是最重要的工具，请一定要准备。把手较厚的比较好握，也不容易累。锅铲前端有圆弧角度设计的适合拌炒。

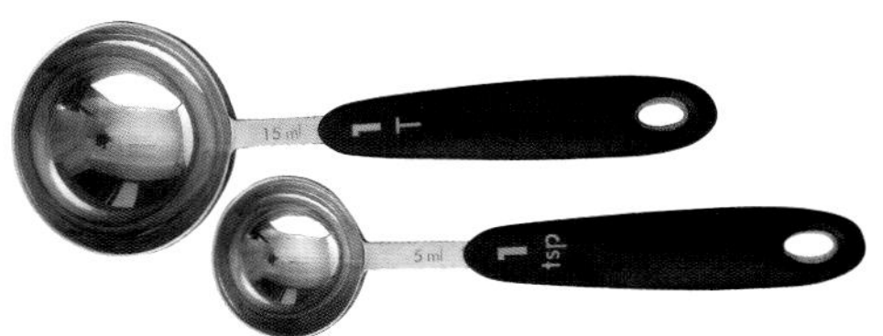

量匙

在计算油脂和香料的份量时需要使用量匙。因为需要计算粉状和颗粒状的份量，有点深度的量匙会较适合。小匙可用茶匙（tea spoon）代替，而大匙可用大汤匙（table spoon）代替。

量杯

在计算水分或椰奶等液体份量时需要量杯。上手后也可以用目测法，但在初学者时，还是建议使用量杯。

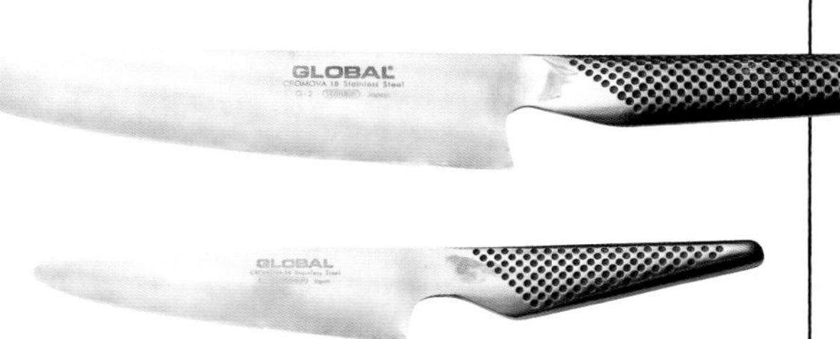

菜刀

虽然只要准备一把就够用，但在切菜时可用小型菜刀，切鱼或肉类时，可使用大菜刀比较方便。

砧板

不管哪一种材质制成的都可以。如果是圆形砧板，切过的食材不需移到备料碗中，只要转动砧板，就可以在有空位的地方处理别的食材，十分方便。

备料碗

可准备大小不同的备料碗以便使用。可以放切好的食材，或是在为肉类调味或腌渍时都可使用。如果有可沥出水分的筛网更加方便。

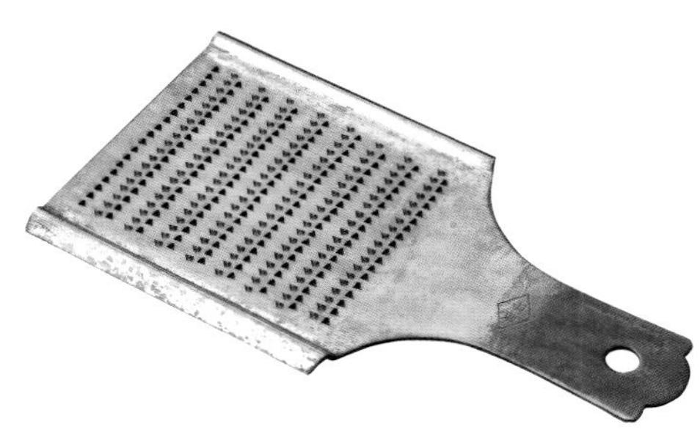

磨泥器

磨大蒜泥、姜泥时使用。有双面都可使用的磨泥器，也有一面刀刃较细可以磨大蒜、一面刀刃较粗可以磨姜的产品。

香料鸡肉咖喱基础篇

材料 3~4 人份

- 色拉油 …… 3 大匙
- 洋葱（切碎） …… 1 个（200 克）
- 大蒜（磨泥） …… 2 小匙（20 克）
- 姜（磨泥） …… 2 小匙（20 克）
- 番茄罐头 …… 200 克
- 3 种基本香料
  - 姜黄 …… 1 小匙
  - 卡宴辣椒 …… 1 小匙
  - 芫荽 …… 2 小匙
- 盐 …… 1 小匙
- 热水 …… 400 毫升
- 鸡腿肉（切成约一口可食的大小） …… 600 克

1
盐分的调整

盐分决定咖喱的味道

说“盐分掌握了咖喱完成的所有关键”一点也不为过。不仅是洋葱的味道，也可以带出香料的香气和辣度。在煎牛排之前撒盐，也是想要达到同样的效果。因此，理想的用盐方式是在锅里加入新食材时，都要加少量的盐。适当的咸味可以大幅提升咖喱的美味。盐分不足的咖喱，会让咖喱变得索然无味。

但有一点一定要注意。盐加下去之后就无法收回。所以，对食谱上记载的盐分使用量不要照单全收，先加8成左右的盐，再视料理的实际状况做调整。在起锅前尝一下味道，如果味道不足，再酌量添加。一定要留一点空间做味道的最后调整。

例

“以中火炒约10分钟的洋葱”时的盐分调整

建议在炒洋葱时，要加少许的盐。就算只有两小撮也无所谓。因为盐有渗透压的效果，可以帮助洋葱去除水分。这就会加快加热的速度，如此一来，就可以突出洋葱的鲜甜。

2
水量的调整

去除水分可提升美味

去除水分的这个步骤，应该是初学者间最容易分出高下的地方。能充分掌握诀窍者，与无法掌握者之间的差别十分明显。香料咖喱是拌炒后再炖煮而成。在前半部分翻炒料理时，因为会加入新鲜蔬菜，所以要注意必须在每次加入蔬菜时，务必去除该蔬菜中所带的水分。

在后半部分炖煮食材时，一加水进去，就必须将水煮开。炖煮的时间越长，水分就会越少。就像“煮到水分收干”这句话一样，水分挥发后，料理的份量就会减少，相对味道就会浓缩。初学者容易犯的错误是加太多水，然后就糊里糊涂地煮了这道咖喱。加水时少量即可，这是不变的规律。不够的话再随时添加就好。

例

“以中火炒约10分钟的洋葱”时的水分调整

要拌炒洋葱最大的原因在于去除其中的水分，除去生洋葱的辛辣和酸味，以带出甘甜。因此，在拌炒时要留意的是去除洋葱的水含量。洋葱一旦去除了水分，就会变软，然后成为软泥状。

3
火候的调整

火候大小左右咖喱味道的层次

优秀印度主厨厉害的地方，即在于能以火候控制咖喱味道的层次。再者，优秀的主厨间常讨论的话题便是借由火力大小来调整温度。火候大小便是控制加热度的意思。能明确掌握要用大火的时机，和要调成小火的时机非常重要。

整体上说来，以“用力地拌炒、温和地炖煮”这种概念制作咖喱非常重要。用大火将香辛料蔬菜及香料炒透，在带出食材本身香气的同时，也会产生焙炒的芳香。在翻炒粉末状香料时，火候要稍微调小，小心仔细地炒。加水进去后，就要转大火将它煮沸，水分开始变少到慢慢炖煮时，火候便要调小，让整体酱料保持沸腾的状态。这样依料理时机来做火候控制的变化，可让咖喱的味道更具层次。

例

“以中火炒约10分钟的洋葱”时的火候调整

食谱上写着用中火炒洋葱时，当然火候的使用上要以中火为煮。不过，实际上也不会用中火从头炒到尾，而是需要依料理的时机做调整。最理想的状态是刚开始的时候，要用稍强的中火，使洋葱表面呈现金黄，之后随着洋葱逐渐受热，火候要随之调小。

4
油量的调整

用油来调整适当的热度

在印度料理中，会先加入令人难以置信的大量的油开始调理，在完成料理时会将浮在表面的大量油脂捞出丢弃。可能有人会想，如果最后要丢掉的话，那一开始少加点油不就解决了吗？事实上，油脂是帮助食材受热的工具，在料理的过程中需要使用工具，但却不需要放入口中食用。讲得极端一点，不使用油的话，有些味道便无法产生。

这样的情形并不只有在作为基底的洋葱上发生。作为食材的肉类也需要油脂来逼出香气，香料也需要油脂的协助以发挥其威力。有许多种香料需通过热油来溶出香气。另外，油脂本身也带有震撼性的鲜味，是种能让咖喱更加美味的有利材料。不过油脂类一接触空气就易氧化，必须留意。

例

“以中火炒约 10 分钟的洋葱”时的油量调整

在制作 4 人份的咖喱时，建议一个洋葱的相对使用油量在 2~3 大匙。这是为了达到较理想加热效果的使用油量。与其说用炒的，不如说用煎的方式来处理洋葱较为合适。

虽这样说，油量多到变成油炸的方式就太过。因此，要配合实际料理状况调整合适的油量最为理想。

5

加入牛肉后炒至肉类表面都均匀裹上酱料。尽可能在加入牛肉之前，先撒上一点胡椒盐（食谱份量外），这样更容易带出肉质的鲜美。

6

加入水和蜂蜜，盖上锅盖用小火炖煮约 1 小时。一定要煮到酱料沸腾的状态。之后，将火转小煮到酱汁表面出现小气泡的程度。

7

接着打开锅盖煮到适当的黏稠度。直到酱汁表面浮出橘色的分离油脂为止，关火。

8

锅中倒入提味香料搅拌。稍微撒点葛拉姆马萨拉，就能提出香气，因此只要 1/2 小匙以下的量即可。

肉末豌豆干咖喱

这是一款含水量少、肉末粒粒分明的干式咖喱。
肉末的油脂和香料非常搭配，以盖上锅盖闷煮的方式料理，
肉末的鲜美和香料的芬芳全部锁进咖喱中。

材料

红花籽油	3 大匙
● 需先下锅的香料（原形）	
红辣椒	4 根
中国肉桂（或锡兰肉桂）	2 片
丁香	6 粒
月桂叶	1 片
黑胡椒（磨成粗粒）	1/2 小匙
大蒜（磨泥）	1 片
姜（磨泥）	1 片
椰子粉	2 大匙
主要香料（粉状香料）	
● 姜黄	1/2 小匙
卡宴辣椒	1/2 小匙
绿豆蔻	1 小匙
芫荽	1 大匙
盐	1 小匙
鸡腿肉末	500 克
豌豆（水煮）	100 克

做法

1

将油倒进锅中烧热，放入需先下锅的香料，炒到红辣椒呈现焦黑色。不必担心会释出苦味，起锅后即使焦黑也不会留下焦臭味，反而会产生焙炒过的香气。

2

加入洋葱，拌炒均匀后放入盐（食谱份量外），再转大火将洋葱边缘炒至金黄色。之后再加入姜、大蒜一直炒到去除水分和生鲜蔬菜的草味为止。

3

倒进椰子粉，转小火炒到椰子粉释出香气为止。随着拌炒时间的增加，椰子粉的颜色也逐渐变浓，香气也会转强烈。需反复加热翻炒以达到此种效果。

4

将主要香料和盐加入锅中，炒至整体都变成泥状。接着调到小火将所有香料炒匀后，再至少翻炒 1 分钟至所有香料粉末溶入酱料里，飘出香气为止。

咖喱基底制作秘诀

由图中可清楚见到未处理的香料原形。如果还看得到白色的椰子粉，就是翻炒时间不够。

5

放进玉米粉，均匀拌炒至未见粉状、全部溶入酱汁为止。

6

将奶油倒入以上酱料搅匀。这时为可以放进干燥葫芦芭叶的时间点，或者在之后放青菜时加入也可。

7

倒入蔬菜泥，盖上锅盖用中火煮约20分钟到全部呈现黏稠状。如果水分过多，中途可以打开锅盖继续炖煮让水分蒸发，一直煮到全部呈现黏稠的泥状最为理想。

8

转成小火，加入柠檬汁和黑糖拌匀。再将砂糖完全溶于酱汁中，柠檬汁则依个人喜爱酌量添加。

鱼类咖喱

口感清爽、味道层次十足的鱼类咖喱。
可明显感受到椰奶的香甜和柠檬的酸爽。
鱼肉脂肪含量低，本身味道较淡的白肉鱼更能浓缩香料的芬芳。

材料

鲷鱼(或是其他的白肉鱼亦可)…………4 大片
红花籽油…………2 大匙
芝麻油…………4 大匙
- 需先下锅的香料(原形)
  - 葫芦芭…………2 小撮
  - 芥末…………1/4 匙
  - 茴香…………1/2 匙
  - 孜然…………1/2 匙

大蒜(压碎)…………2 片
洋葱(切丝)…………小 1/2 个
新鲜番茄…………150 克
- 主要香料(粉状香料)
  - 姜黄…………1/2 小匙
  - 青芒果粉…………1 小匙
  - 卡宴辣椒…………2 小匙
  - 芫荽…………1 大匙

盐…………1 小匙
水…………200 毫升
椰奶…………100 毫升
柠檬汁…………1 个
- 提味香料
  - 咖喱叶(非必要)…………30 片左右

做法

1 先均匀撒入并淋上少许盐、姜黄和柠檬汁(皆在食谱份量之外)在鲷鱼上，并腌渍 30 分钟左右。

2 将油倒进锅中烧热，放入需先下锅的香料进行拌炒。

3 加入大蒜后翻炒，再倒进洋葱炒至金黄。放入新鲜番茄后须炒到水分收干。

4 将主要香料和盐加入锅中翻炒。

5 分两次加入水分并使其沸腾，倒入椰奶和柠檬汁用中火炖煮约 10 分钟。

6 放进鱼块炖煮约 10 分钟。

7 倒入提味香料加以拌匀。

咖喱基底制作秘诀

以保持洋葱丝原本形状的状态为佳，但仍要尽量让水分收干。炒到粉状香料完全溶入酱汁的程度。

鹰嘴豆咖喱

能充分享受温和辣度的豆类咖喱。
滋味丰富、煮得软烂的鹰嘴豆和姜，
还有风味分明的青辣椒达成绝妙平衡的美味咖喱。

材料

猪肩胛肉（切成适口的大小）……500克
- 腌渍用
  - 大蒜……2瓣
  - 姜……2片
  - 白酒醋……4大匙
  - 洋葱（切丁）……1/2个
  - 盐……1小匙
  - 三温糖……2小匙
- 主要香料A（原形）
  - 黄芥末……1小匙
  - 丁香……10粒
  - 黑胡椒……2小匙
  - 孜然……1小匙多

红花籽油……3大匙
洋葱（切碎）……1/2个
新鲜番茄……100克
- 主要香料B（粉状香料）
  - 姜黄……1/2小匙
  - 卡宴辣椒……1小匙
  - 芫荽……1小匙
  - 葛拉姆马萨拉……1小匙

水……400毫升

做法

1 把主要香料A放入平底锅中干煎，与腌渍用的材料一起放入食物调理机中打成泥状。把猪肉放入酱料泥中充分搅拌过后，放入冰箱熟成约2小时。有条件最好是腌渍1个晚上。

2 将油倒进锅中烧热，放入切丁的洋葱炒至深褐色为止。

3 加进新鲜番茄，确实将其水分炒干。

4 放入主要香料B翻炒。

5 将步骤1中的熟成猪肉连同腌渍酱料倒入锅内，把猪肉炒熟至水分完全收干。

6 加水煮到沸腾，盖上锅盖转成小火炖煮约45分钟，再视实际味道用盐调味。

咖喱基底制作秘诀

此时因为尚未加入腌渍的猪肉，所以香料的香气还不明显。洋葱因为反复翻炒过，整体酱料的量会显得较少。

鲜虾咖喱

味道浓郁且十分下饭的鲜虾咖喱。
洋葱泥和香料拌炒过后，制成味道香浓醇厚的酱汁，
与释放出鲜甜美味的虾非常搭配。

加热可以带出香料的味道

所有香料都含有精油这种具挥发性的成分，通过加热会让挥发性成分释放出来。而香料通过烘焙或翻炒会发出香气也是这个原因。

油脂和盐是使用香料的重点

香料需要和油脂一起拌炒，其中的精油成分才容易挥发。在添加粉状香料时，要记得加盐，因为盐具有带出香气和辣度的效果。也就是说适量的油脂和盐，是增加香料魅力的最佳帮手。

香料功能一览表

在此之前，介绍香料时多以香料的功能加以区分。例如：孜然和芫荽可以增加香气、姜黄可以添加色泽、红辣椒则可增加辣度。虽然很容易理解，但这样的解释并不足够，因为姜黄和红辣椒也具有深具魅力的香气，而红辣椒的色泽也很鲜艳。

所有香料都具有复合性的功能，只是有程度上的不同而已。下表是依照我自己的感觉分类，希望大家在使用香料时，可以一边参考，一边想想每种香料的功能。

形状	香料名	香气	颜色	辣度	味道	特征
粉状香料	姜黄	○	◎	×	×	可做基底
	红辣椒	○	◎	◎	×	可做基底
	芫荽	◎	△	×	×	平衡气味
	孜然	◎	△	×	×	增加印象
	红椒粉	○	◎	×	×	增加香气
	黑胡椒	○	○	○	×	增添美味层次
	葛拉姆马萨拉	◎	△	△	×	增加风味
	印度阿魏	○	△	×	×	提升鲜美度
香料原形	孜然	◎	×	×	×	可食用
	绿豆蔻	◎	×	×	×	不可食用
	丁香	◎	△	×	×	不可食用
	肉桂	◎	×	×	×	不可食用
	芥末	△	×	○	×	可食用
	葫芦芭	△	×	×	×	可食用
	红辣椒	○	×	◎	×	可食用、不可食用
	茴香	◎	×	×	×	可食用
	孟加拉国五香	◎	×	△	×	可食用
	盐	×	×	△	◎	决定味道

※这里的“味道”指的是为咖喱增添的风味，而不是香料本身的味道。

给想了解制作香料咖喱法则的人

香料咖喱的基本做法十分简单。先炒制咖喱的基底，再加入水及想吃的食材炖煮即可，是一个由多种香气及美味食材共同组成的架构。所有的香料咖喱都可以依照以下7个步骤完成。只要自行排列组合在每个步骤中加入的香料和食材，便可以产生各式各样的咖喱食谱。

1 需先下锅的香料

2 咖喱的基础风味

3 鲜味

4 主要的香料

5 水分

6 食材

7 提味香料

举例来说，做正统的鸡肉咖喱时，依照7个黄金定律的步骤来做的话，大致上就如同以下所述：

材料　4盘份量

植物油……3大匙

● 需先下锅的香料（原形）

孜然籽……1小匙

大蒜（切碎）……1瓣

姜（切碎）……1片

洋葱（切丝）……1小个

番茄（切小块）……1大个

● 主要香料（粉状香料）

姜黄……1/2小匙

红辣椒……1/2小匙

芫荽……2大匙

盐……1小匙

水……300毫升

鸡腿肉（切成适口的大小）……400克

● 提味香料（新鲜香料）

香菜（切碎）……适量

做法

1 先热油锅，把需先下锅的香料炒过。

2 再加进大蒜、姜翻炒，之后加入洋葱。

3 把番茄倒入锅中。

4 将主要香料和盐放进锅内，一起翻炒。

5 加水进去跟香料一起煮。

6 将鸡肉加入香料酱汁中炖煮。

7 撒上新鲜香菜拌匀。

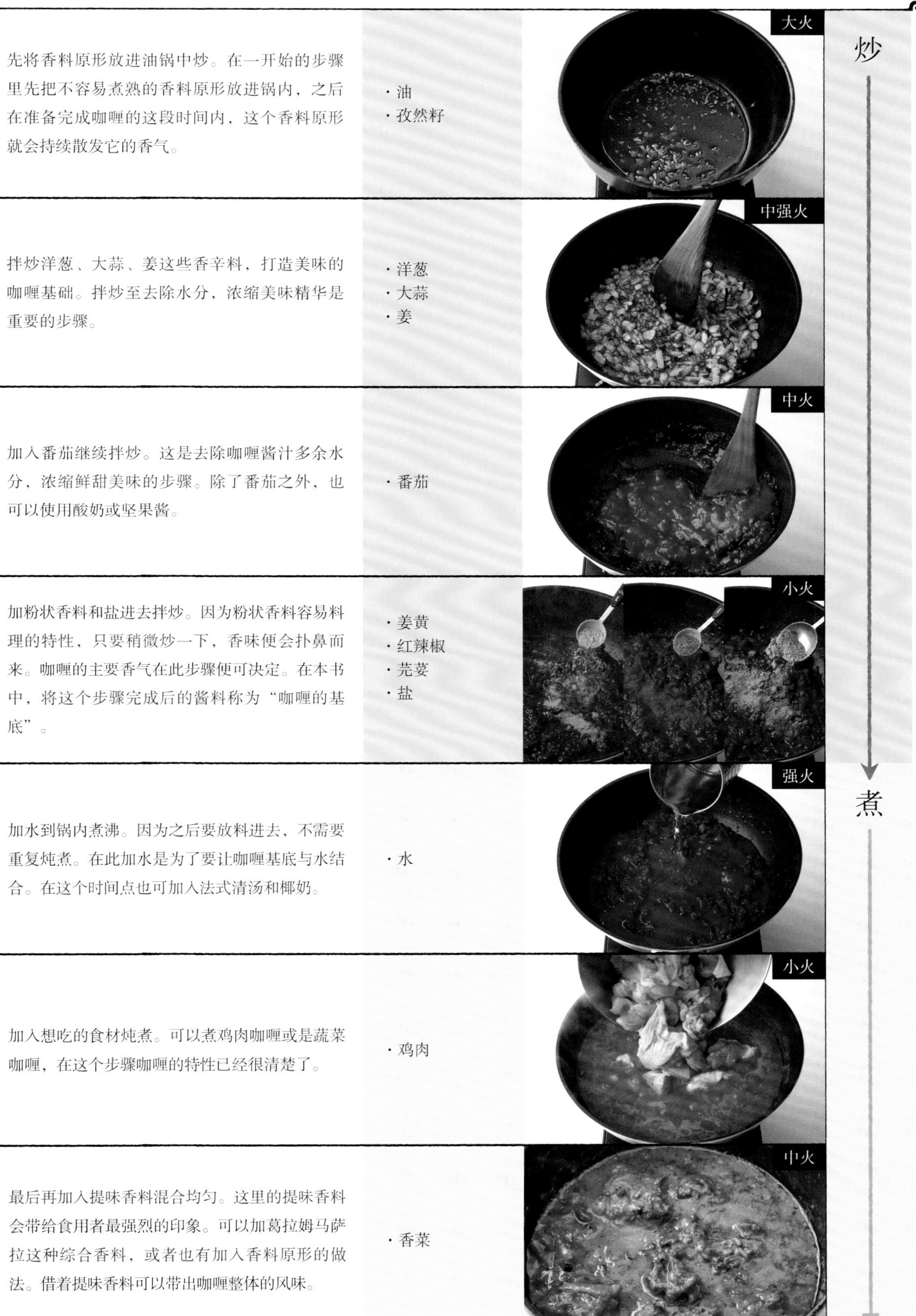

先将香料原形放进油锅中炒。在一开始的步骤里先把不容易煮熟的香料原形放进锅内，之后在准备完成咖喱的这段时间内，这个香料原形就会持续散发它的香气。

· 油
· 孜然籽

拌炒洋葱、大蒜、姜这些香辛料，打造美味的咖喱基础。拌炒至去除水分，浓缩美味精华是重要的步骤。

· 洋葱
· 大蒜
· 姜

加入番茄继续拌炒。这是去除咖喱酱汁多余水分，浓缩鲜甜美味的步骤。除了番茄之外，也可以使用酸奶或坚果酱。

· 番茄

加粉状香料和盐进去拌炒。因为粉状香料容易料理的特性，只要稍微炒一下，香味便会扑鼻而来。咖喱的主要香气在此步骤便可决定。在本书中，将这个步骤完成后的酱料称为“咖喱的基底”。

· 姜黄
· 红辣椒
· 芫荽
· 盐

加水到锅内煮沸。因为之后要放料进去，不需要重复炖煮。在此加水是为了要让咖喱基底与水结合。在这个时间点也可加入法式清汤和椰奶。

· 水

加入想吃的食材炖煮。可以煮鸡肉咖喱或是蔬菜咖喱，在这个步骤咖喱的特性已经很清楚了。

· 鸡肉

最后再加入提味香料混合均匀。这里的提味香料会带给食用者最强烈的印象。可以加葛拉姆马萨拉这种综合香料，或者也有加入香料原形的做法。借着提味香料可以带出咖喱整体的风味。

· 香菜

花菜土豆咖喱

大蒜和姜让风味优雅的蔬菜更加美味。
切碎的话香气则更为明显。

材料 4盘份量

色拉油……3大匙
大蒜……2瓣
青辣椒……3条
洋葱……1个
3种基本香料
- 姜黄……1小匙
- 卡宴辣椒……1/2小匙
- 芫荽……1大匙

盐……1小匙
热水……50毫升
土豆……2个
花菜……1/2颗
豌豆（罐头）……2罐（固体重量130克）
番茄……1个

做法

切 1 把大蒜、姜切碎，青辣椒切圆片。
2 为了更好的口感，把洋葱切成大片的块状。
3 将番茄对切后，两半都再切成4等份。
4 土豆去皮后随意切成块状，花菜则分成小朵后汆烫。

炒 5 在平底锅中以中火热油，加进大蒜和姜。
6 加入洋葱和青辣椒，炒至焦黄。
7 把火调小，加入3种基本香料和盐，快速翻炒。☑

煮 8 倒入热水煮开，放进土豆、花菜和豌豆，与酱汁充分搅拌，再盖上锅盖用中火煮约2分钟。
9 打开锅盖加进番茄，用中火煮沸，最后再煮到酱汁收干即可。

☑ 咖喱基底制作秘诀

因为洋葱不只作为咖喱基底甜味的至角，也有主要食材的作用，所以最好保留其口感。翻炒程度以洋葱表面已呈金黄色、但内部还保有水分为准，所以有一定的厚度。

炖猪肉咖喱

梅酒是让这道咖喱口感酸中带甜且香气浓郁的秘密武器。
用梅酒腌渍猪肉的技巧请保密不要外传。

材料 4 盘份量

色拉油 ······ 3 大匙
猪肉（腿部、五花、里脊）······ 600 克
黑胡椒 ······ 1/2 小匙
梅酒 ······ 2 大匙
酱油 ······ 1 大匙
大蒜 ······ 1 瓣
姜 ······ 1 片
洋葱 ······ 1 个
切块番茄（罐装，下同）······ 1 杯
3 种基本香料
- 姜黄 ······ 1/2 小匙
- 卡宴辣椒 ······ 1/2 小匙
- 芫荽 ······ 1 大匙

黑芝麻粉 ······ 1 大匙
热水 ······ 500 毫升
白萝卜 ······ 1/4 根

做法

切
1 切除猪肉多余的脂肪，剩 500 克左右再切成块状，撒上黑胡椒、梅酒、酱油浸泡腌渍约 2 小时。
2 洋葱切粗碎块，大蒜和姜则磨成泥，先与 1/2 的水（食谱份量外）混合均匀。
3 白萝卜切成 2 厘米宽的圆片，再切成 4 等份。

炒
4 用平底锅以中火热色拉油，放入洋葱炒约 10 分钟，到呈现深褐色。
5 加入步骤 2 的大蒜和姜泥炒约 2 分钟。
6 放进番茄块反复将其水分炒至蒸发。
7 放入 3 种基本香料和黑芝麻粉一起翻炒。☑

煮
8 倒入热水煮沸，加入步骤 1 的猪肉和腌渍酱汁以及白萝卜，盖上锅盖用略小的中火炖煮约 90 分钟即可。

☑ 咖喱基底制作秘诀

要反复翻炒洋葱。刚开始要用大火将洋葱表面炒到金黄，后半部分将火略为转小，用较大的中火去除洋葱的水分。完成后的咖喱基底为深褐色。

西餐厅牛肉咖喱

炒洋菇泥应该是未曾体验的料理方法吧？
此道咖喱借用了法式料理的手法。

材料 4 盘份量

色拉油	3 大匙
洋葱	1 大个
大蒜	2 瓣
姜	2 片
褐色洋菇	12 个
面粉	10 克
● 3 种基本香料	
姜黄	1/2 小匙
卡宴辣椒	1/2 小匙
芫荽	2 大匙
伍斯特黑醋酱（Worcestershire sauce）	2 大匙
热水	500 毫升
牛肉	450 克
鲜奶油	适量

做法

切
1 洋葱切薄片，大蒜和姜磨泥。
2 牛肉切成比适口的小块的大小。
3 把 3 个洋菇磨泥，剩下的对切。

炒
4 平底锅以中火热色拉油，放入洋葱炒约 15 分钟，到呈现深褐色。
5 放入大蒜和姜再炒约 3 分钟。将磨成泥的洋菇倒进锅内均匀拌炒。
6 加入面粉炒约 3 分钟。
7 火转小，加进 3 种基本香料和伍斯特黑醋酱炒匀。☑

煮
8 热水分 2 次倒入锅中煮开。
9 放进牛肉和洋菇煮沸，打开锅盖以较小的中火炖煮约 60 分钟。装盘后再淋上鲜奶油即可。

☑ 咖喱基底制作秘诀

稍微花点时间均匀翻炒洋葱薄片。之后加入的洋菇和面粉也同样以中火长时间拌炒，需注意要炒至全熟。

腰果鸡肉咖喱

在咖喱中加入坚果使味道浓郁是印度料理的手法。
这个常用的方法可以牢记。

材料 4 盘份量

材料	份量
色拉油	3 大匙
洋葱	1/2 个
姜	2 片
青椒	2 个
大蒜	2 瓣
切块番茄	150 克
腰果	50 克
● 3 种基本香料	
姜黄	1 小匙
芫荽	1 大匙
卡宴辣椒	1 小匙
盐	1 小匙
热水	200 毫升
鸡腿肉	400 克
鲜奶油	100 毫升
水煮蛋	4 个

做法

切
1 洋葱切碎，大蒜磨成泥，姜切丝、青椒切块。
2 用食物料理机将番茄和腰果打成泥。
3 鸡肉切成适口的大小，水煮蛋也切成适口的大小。

炒
4 平底锅以中火加热色拉油，放入洋葱、姜、青椒炒到呈现深褐色。
5 加进大蒜拌炒。
6 倒入步骤 2 的番茄和腰果泥，翻炒至水分蒸发。
7 放入 3 种基本酱料，拌炒约 30 秒。☑

煮
8 倒入热水煮沸，加进鸡肉盖上锅盖后以较小的中火炖煮约 15 分钟。
9 加鲜奶油进锅内煮开，拌入水煮蛋即可。

☑ 咖喱基底制作秘诀

因为腰果和番茄块的泥状物含有水分，所以必须炒到水分完全蒸发。标准是整体酱料呈现黏稠状。要翻炒到褐色的洋葱与番茄混合后呈现如图片中较深的色泽为止。

夏季蔬菜鲜虾咖喱

拌炒虾泥后，会做出令人惊艳的美味高汤。
这是从外表无法看出、超出预期的一道咖喱。

材料 4盘份量

色拉油	3大匙
大蒜	1瓣
姜	1片
洋葱	1/2个
虎虾（black tiger）	1只
切块番茄	1杯
● 3种基本香料	
姜黄	1/4小匙
卡宴辣椒	1小匙
芫荽	2小匙
盐	1小匙
热水	400毫升
南瓜	1/4个
茄子	2条
四季豆	10根

做法

切
1 大蒜、洋葱切碎，洋葱切成较大的碎块。
2 虎虾去壳、去肠泥，用菜刀剁成泥。
3 南瓜、茄子随意切成小块，用160℃的油直接炸到稍硬。四季豆切成5厘米长。

炒
4 平底锅热油，快速翻炒大蒜和姜，再放入洋葱炒约5分钟。
5 加进虾泥拌炒，切块番茄也炒到水份蒸发为止。
6 放入3种基本香料和盐拌炒均匀。☑

煮
7 倒进热水煮滚，再炖煮约5分钟。
8 放进步骤3的南瓜、茄子、四季豆快速煮即可。

☑ 咖喱基底制作秘诀

这道咖喱的关键在翻炒虾泥。因为虾泥会产生美味高汤，即使洋葱没有炒到金黄色也无妨。但因加入较多的番茄，如果能确保翻炒到让水分蒸发，便能完成一道比例均衡的咖喱基底。

海鲜绿咖喱

翻炒盐渍乌贼很令人意外吧？
在这道咖喱中可体验发酵调味料在咖喱中产生的美味。

材料　4 盘份量

◆酱料

青辣椒	5 根
洋葱	1/4 个
大蒜	2 瓣
姜	2 片
香菜	1 杯
新鲜罗勒	5 片
孜然籽	1 小匙
芫荽	1 小匙
盐渍乌贼	1 大匙
橄榄油	3 大匙
热水	200 毫升
椰奶	400 毫升
鲫鱼鱼杂	400 克
西蓝花	1/2 颗
泰国青柠叶（非必要）	3~4 片
鱼露	1.5 大匙

做法

切　1 将要做成酱汁的食材放入食物料理机中打成泥。
2 快速汆烫鲫鱼块。

炒　3 将西蓝花分成小朵。
4 以较厚的锅热橄榄油，加水进步骤 1 的酱汁再炒至水分收干。☑

煮　5 加热水进锅内煮沸，放入椰奶、鲫鱼块、西蓝花和泰国青柠叶炖煮约 5 分钟。
6 再以鱼露调味即可。

☑ 咖喱基底制作秘诀

生的绿咖喱基底带有青辣椒和香菜特有的青草味。通过加热翻炒可以让它们变身为芬芳的香气。在刚开始翻炒时可能会喷出油脂，要多加留意。要以酱料水分完全收干至黏稠状为准。

鸡肉末咖喱

鸡肉末咖喱的口感与味道都十分清爽且容易入口。
胡萝卜和香菜是让味道更富层次的关键食材。

材料 4 盘份量

红花籽油	3 大匙
大蒜	2 瓣
姜	2 片
洋葱	1 个
切块番茄	100 克
3 种基本香料	
姜黄	1/2 小匙
卡宴辣椒	1 小匙
孜然	1 大匙
盐	1 小匙
胡萝卜	1 根
鸡肉末	400 克
腰果	50 克
热水	100 毫升
香菜	1 把

做法

切
1 用菜刀剁碎鸡肉末。
2 大蒜、姜、洋葱、胡萝卜切碎，香菜粗切，压碎腰果。

炒
3 用平底锅以中火热油，放入大蒜、姜炒到金黄色。
4 放进洋葱炒软到金黄色。
5 放入番茄炒到水分蒸发，腰果也放进锅里炒。
6 放入 3 种基本香料拌炒。☑

煮
7 倒入热水煮滚，加进步骤 1 的鸡肉末使汁入味。
8 放入胡萝卜后，一边搅拌，一边以中火煮约 10 分钟。
9 调成大火，炖煮约 5 分钟，煮到水分蒸发后加入香菜翻炒即可。

料理重点

用菜刀剁碎鸡肉末，可以使肉末产生粒粒分明的口感。

☑ 咖喱基底制作秘诀

因为洋葱、大蒜、姜全都切碎，还保有部分的口感与味道。虽然番茄的水分已去除，但因为腰果碎粒的影响，整体酱料的感觉是散散的肉末状。

土豆菠菜咖喱

这是印度料理中必有的菜式。
菠菜经过炖煮后会变得更加甘甜，但煮得太久颜色会变黄。

材料 4盘份量

材料	用量
红花籽油	3大匙
大蒜	3瓣
姜	2片
洋葱	1个
切块番茄	200克
3种基本香料	
姜黄	1/4小匙
卡宴辣椒	1/2小匙
孜然	1大匙
盐	1小匙
热水	300毫升
土豆	2个
菠菜	2把
鲜奶油	50毫升

做法

切
1 大蒜、姜、洋葱切碎，土豆切成适口的大小。
2 菠菜大致切断后，用盐水烫一下，捞至筛网上沥干水分放凉，再放进食物料理机中打成泥。

炒
3 平底锅热油，加进大蒜和姜炒至变色。
4 放进洋葱后炒至金黄色。
5 倒入番茄炒至水分蒸发。
6 加入基本的3种香料和盐翻炒均匀。☑

煮
7 加热水进入锅内煮沸，放入土豆以中火煮约15分钟到熟透为止。
8 倒入菠菜泥后继续炖煮。
9 放入鲜奶油拌匀即可。

料理重点

大蒜和姜切碎，入口时便会散发出香气。

☑ 咖喱基底制作秘诀

这道咖喱大蒜末的份量比一般咖喱要多，在一开始料理时用油炒至金黄色后，咖喱基底便会产生一股蒜香。在制作此基底时常用较大火候以逼出香气。

欧风牛肉咖喱

能充分享受牛肉口感的欧风咖喱。
面粉的滑顺和红酒的香气令人食欲大开。

材料 4盘份量

牛五花肉 …… 600克

◆腌渍酱料

- 胡萝卜 …… 60克
- 大蒜 …… 1瓣
- 芹菜茎 …… 10厘米
- 红酒 …… 300毫升

红花籽油 …… 2大匙

洋葱 …… 1个

奶油 …… 15克

切块番茄 …… 50克

● 3种基本香料

- 姜黄 …… 1/2小匙
- 卡宴辣椒 …… 1/2小匙
- 孜然 …… 1大匙

盐 …… 1小匙

面粉 …… 1大匙

热水 …… 500毫升

巧克力 …… 5克

蓝莓果酱 …… 1小匙

料理重点

用红酒腌渍牛肉后，红酒的味道就会锁进牛肉中。

做法

切

1 牛五花肉切成大块。洋葱、胡萝卜、芹菜切碎。大蒜压碎。

2 腌渍酱料所需的材料全都倒进料理碗中混合均匀，把牛肉放入冰箱腌渍2小时左右，最好能提前腌渍1个晚上。

炒

3 平底锅热油，加进洋葱炒至变色。

4 放入奶油和腌渍酱料中的蔬菜拌炒。将腌渍酱料一点一点地倒进锅内翻炒，炒到水分收干。

5 放入番茄拌炒。

6 将火转小，混入3种基本香料和盐，再加入面粉继续翻炒。☑

7 牛肉放入锅中，炒至表面上色。

煮

8 加入热水煮沸，倒入蓝莓果酱和巧克力拌匀，以小火炖煮约2小时即可。

☑ 咖喱基底制作秘诀

在腌渍酱料中使用的蔬菜必须反复翻炒、压碎到看不见原来的形状为止。将红酒的酒精炒到蒸发后，咖喱基底便会留下浓郁的味道和颜色。在水分蒸发、油脂浮上表面的时间点加入香料最适宜。

招牌牛肉咖喱

虽然招牌牛肉咖喱是传统常见的菜色，但最广受大众喜爱。
让人绝对没有想到是只有3种香料做成的绝佳美味。

材料 4盘份量

红花籽油	2大匙
洋葱	1个
◆酱料	
大蒜	2瓣
姜	2片
胡萝卜	1/2条
苹果	1/2个
椰子粉	15克
切块番茄	100克
白酒	50毫升
●3种基本香料	
姜黄	1/2小匙
卡宴辣椒	1/2小匙
孜然	1大匙
鸡高汤	500毫升
牛奶	100毫升
牛肉高汤	30克
芒果酸辣酱	1大匙
牛肉（咖喱用）	600克
奶油	15克

做法

切
1 把制作酱料的食材全放进食物料理机中打成泥状。
2 牛肉切成稍大的适口的块，并撒上盐、胡椒（食谱份量外）。
3 洋葱切碎。

炒
4 以平底锅热油，加进洋葱炒至变成焦糖色。加入泥状酱料，炒至水分充分蒸发，颜色变深。
5 火调小，加入3种基本香料和盐翻炒。☑

煮
6 倒入鸡高汤煮沸。
7 加牛奶、牛肉高汤煮沸。
8 放入芒果酸辣酱和牛肉煮至沸腾。
9 打开锅盖用小火炖煮约1小时。
10 融化奶油后搅拌均匀即可。

☑ 咖喱基底制作秘诀

翻炒蔬菜做成酱汁是其特色，需要拌炒至整体水分蒸发呈现黏稠状为止。理想状态是这道咖喱的基底从外观上完全无法看出其内容物的形状，且颜色很浓。

日式咖喱

无论是外观的色泽或适口的美味都像日本传统家庭的咖喱。
饭上摆满切块的洋葱、胡萝卜和土豆，可以充分享受其口感。

材料 4 盘份量

红花籽油	3 大匙
洋葱	1 又 1/2 个
3 种基本香料	
姜黄	1 小匙
卡宴辣椒	4 小匙
孜然	1 大匙
盐	1 小匙
面粉	2 大匙
鸡高汤	400 毫升
杏桃果酱	2 大匙
土豆	1 个（150 克）
胡萝卜	1 条（200 克）
猪肩脊肉（炸猪排用）	200 克

做法

切 1 洋葱对切后，再切 4 等份。土豆和胡萝卜则随意切块。
2 在猪肉上撒盐和胡椒（食谱份量之外）。

炒 3 平底锅热油，加进洋葱炒至变软。
4 放入 3 种基本香料和盐炒匀，再加入面粉翻炒。☑

煮 5 倒入鸡高汤煮沸，放进土豆、胡萝卜、杏桃酱后再以小火煮约 30 分钟。
6 用另一个平底锅热油（食谱份量之外）煎猪肉，一面用大火炒约 1 分钟，之后再翻面用中火炒约 1 分 30 秒。然后在砧板上将猪肉切成适合食用的大小，放入步骤 5 中快速翻炒即可。

料理重点

加果酱进去煮，会提升咖喱的风味层次。

☑ 咖喱基底制作秘诀

用作主要食材和用作基底的洋葱，其步骤和翻炒方式是不一样的。切成大片的洋葱，想要保留它的外形，并能享受它的味道及口感，把洋葱炒到软的程度即可。

泰式黄咖喱

组合洋葱和大蒜等新鲜蔬菜和3种基本香料为一体的咖喱。
鱼露的咸味带出整道料理的鲜美滋味。

材料 4盘份量

红花籽油……3大匙

◆腌渍酱料

- 洋葱……1/4个
- 大蒜……2瓣
- 姜……2片
- 盐渍乌贼……2小匙

● 3种基本香料

- 姜黄……1小匙
- 卡宴辣椒……1/2小匙
- 孜然……2小匙

椰奶……400毫升

热水……100毫升

鱼露……2大匙

猪肩脊肉……200克

玉米笋……2根

土豆……2个

泰国青柠叶……4片

做法

切 1 把制作酱料的食材全放进食物料理机中打成泥状。

2 猪肉和土豆切成适口的大小。

炒 3 以平底锅热油，翻炒步骤1的酱料泥。✓

煮 4 倒入椰奶煮沸，加入鱼露。

5 放入猪肉、玉米笋、土豆和泰国青柠叶，待土豆煮熟即可。

料理重点

加椰奶炖煮会产生顺滑的口感。

✓ 咖喱基底制作秘诀

翻炒基底的火候与时间最为关键。要把打成酱料泥用的水分和蔬菜本身所含的水分尽量炒干。当水状的酱料泥炒到变成黏稠状时即可。

法式汤咖喱

融合蔬菜的香甜和鸡翅的鲜美，
再加上浓郁椰奶的汤咖喱，风味温润而香醇。

材料 4盘份量

橄榄油 …… 2大匙

● 需先下锅的香料

孜然籽 …… 1/2小匙

洋葱 …… 2个

● 基本香料

姜黄 …… 1/2小匙

卡宴辣椒 …… 1/2小匙

盐 …… 1小匙

鸡高汤 …… 600毫升

椰奶 …… 100毫升

鸡翅 …… 4支

胡萝卜 …… 1大条

芹菜 …… 1/2根

做法

切
1 洋葱对切，洋葱心要留着。胡萝卜削皮后纵切成两半，再横切成2等份。芹菜去掉粗的纤维后，切成4等份。
2 在鸡翅上撒盐和胡椒（食谱份量外）。

炒
3 平底锅热橄榄油，翻炒孜然籽。
4 将对切的洋葱切口朝下放进锅内，把横切面煎至焦黄。
5 放入3种基本香料和盐炒匀。☑

煮
6 倒入鸡高汤。
7 放进鸡翅、胡萝卜和芹菜煮沸，盖上锅盖用小火煮约45分钟。
8 倒入椰奶再煮约15分钟即可。

料理重点

加鸡高汤炖煮可以让味道更浓郁。

☑ 咖喱基底制作秘诀

这是一道不做咖喱基底却能做出咖喱的特例。食用的对切洋葱要确实煎到金黄，在吸收油脂和基本的香料后，炖煮时可提高汤咖喱的整体风味。

爽口蔬菜咖喱

如果想要料理呈现清爽的口感，洋葱就不要炒过久。
这是道香料的香气胜于食材鲜味的咖喱。

材料　4 盘份量

材料	用量
色拉油	3 大匙
●需先下锅的香料	
孜然籽	1 小匙
大蒜	1 瓣
姜	1 片
洋葱	1/2 个
芹菜茎	10 厘米
● 3 种基本香料	
姜黄	1/2 小匙
卡宴辣椒	1 小匙
芫荽	2 小匙
盐	1 小匙
热水	300 毫升
蜂蜜	1 小匙
冬瓜	1/4 个
牛奶	200 毫升
秋葵	10 根
小番茄	10 个

做法

切
1 洋葱、大蒜、姜、芹菜切碎。
2 黄秋葵切成 4 等份。冬瓜切小块，小番茄对切。

炒
3 平底锅以中火热油，翻炒需先下锅的香料。
4 大蒜、姜快炒，再加入洋葱和芹菜以较强的中火炒约 5 分钟。
5 把火转小，放 3 种基本香料和盐炒匀。☑

煮
6 倒入热水煮沸，加蜂蜜、冬瓜、牛奶炖煮约 10 分钟。
7 最后放入黄秋葵及小番茄煮 2~3 分钟即可。

☑ 咖喱基底制作秘诀

要注意不要把洋葱颜色炒得太深。为了更好地利用洋葱、姜和芹菜的香气，拌炒的时间要缩短，再与3种基本香料混合，就可以完成色、香、味清爽的咖喱。

鳕鱼香咖喱

这是道香气宜人的鲜鱼咖喱。
以油脂带出香料的香气真像是变魔术般，学到这种方法后便会令人上瘾。

材料 4 盘份量

- 色拉油 …… 2 大匙
- ●需先下锅的香料
  - 孜然籽 …… 1/2 小匙
- 大蒜 …… 1 瓣
- 姜 …… 2 片
- 洋葱（中等大小）…… 1 个
- 青辣椒 …… 4 条
- 切块番茄 …… 1 杯
- ●3 种基本香料
  - 姜黄 …… 1/2 匙
  - 卡宴辣椒 …… 1 小匙
  - 芫荽 …… 1 大匙
- 盐 …… 1 小匙
- 热水 …… 300 毫升
- 椰奶 …… 100 毫升
- 鳕鱼 …… 6 片（500 克）
- ●提味香料（热油炒香）
  - 色拉油 …… 2 大匙
  - 洋葱 …… 1 大匙
  - 卡宴辣椒 …… 1/2 小匙
- 柠檬 …… 1/2 个

做法

切
1 鳕鱼片切成 3 等份。
2 洋葱切碎，取 1 大匙的量备用。大蒜、姜切丝，青辣椒切圆片。

炒
3 平底锅以中火热色拉油，放入大蒜、姜快炒。加入洋葱、青辣椒以稍强的中火炒至变色。
4 加入番茄炒至去除水分，把火转小加入 3 种基本香料、盐，炒约 30 秒。☑

煮
5 加入热水煮沸，盖上锅盖用小火煮约 10 分钟。
6 加入椰奶煮滚，再放进鳕鱼煮约 5 分钟。
7 在另一个平底锅以中火热色拉油，翻炒从步骤 2 分出 1 大匙的洋葱末到金黄色后，再加卡宴辣椒粉快速炒匀。打开步骤 6 的锅盖，拌入上面的香料翻炒。最后再淋上柠檬汁即可。

☑ 咖喱基底制作秘诀

因为没有把材料磨成泥，较容易产生香气，但要注意不要炒焦。因为番茄的量多，加进番茄后要花一点时间把水分炒干。

三文鱼菠菜咖喱

这是道以椰奶为基底，散发三文鱼香气的咖喱。
减少3种基本香料的量，咖喱的味道和颜色都会令人觉得清爽。

材料 4盘份量

橄榄油……3大匙

● 需先下锅的香料

孜然籽……1小匙

大蒜……2瓣

洋葱……1个

无糖原味酸奶……100克

● 3种基本香料

姜黄……1小匙

卡宴辣椒……1/2小匙

芫荽……1小匙

盐……1小匙

热水……100毫升

椰奶……200毫升

三文鱼……4片

菠菜……1/2把

● 提味香料

姜……1片

做法

切

1 大蒜切碎、洋葱切条状、姜切丝。

2 去掉菠菜的根部用热水汆烫，捞起至筛网沥干水分。三文鱼切成适口的大小。

炒

3 平底锅用中火热橄榄油，加入需先下锅的香料拌炒至上色。

4 加进大蒜快炒，放入洋葱后以较强的中火炒约5分钟。

5 将火转小，倒进酸奶拌匀，炒至水分收干。加入3种基本香料和盐炒约30分钟。☑

6 倒入热水煮开，加椰奶转小火煮约5分钟。

煮

7 将三文鱼和步骤2的菠菜放进锅内煮熟。

8 最后拌入提味香料即可。

☑ 咖喱基底制作秘诀

用姜黄的黄色、酸奶和椰奶的白色做成淡黄色的咖喱。虽然大蒜和洋葱已炒成焦黄，但只要缩短翻炒的时间，就可以完成兼具明亮色彩和浓郁香味的咖喱基底。

姜汁鲜虾咖喱

生姜具有一股清香和辣味。
加入姜汁更可为这道料理提味。

材料　4 盘份量

色拉油	3 大匙
●需先下锅的香料	
孜然籽	1 小匙
大蒜	2 瓣
洋葱	1 个
青辣椒	3 根
● 3 种基本香料	
姜黄	1/2 小匙
卡宴辣椒	1/2 小匙
芫荽	1.5 大匙
盐	1 小匙
切块番茄	100 克
热水	200 毫升
虎虾	16 只
鲜奶油	2 大匙
姜	3 片
●提味香料	
香菜（切大片）	适量

做法

切
1 洋葱、大蒜切碎，青辣椒切圆片。姜磨成泥，再压出姜汁。
2 先将虾的壳剥除，切开背部取出肠泥。

炒
3 平底锅用中火热色拉油，加入需先下锅的香料拌炒至上色。
4 按照大蒜、洋葱、青辣椒的顺序放入锅内，以较强的中火炒约 10 分钟。在拌炒时加 50 毫升的水（食谱份量之外）进锅内，一边翻炒至深色。
5 加进番茄炒到水分几乎收干。把火转小，放入 3 种基本香料和盐一起翻炒约 30 秒。☑

煮
6 倒入热水煮沸，打开锅盖继续炖煮。
7 放入虎虾后煮沸，拌入鲜奶油，再加进姜汁。
8 以中火炖约 3~4 分钟，再加入提味香料即可。

☑ **咖喱基底制作秘诀**

整道料理尽量采用大火翻炒的方式。洋葱末的边缘或大蒜会因此而颜色深黑。如果发现“再继续炒会烧焦”就加水进去。之后将所有食材混合均匀并确实拌炒成焦糖色即可。

干式牛肉咖喱

这道料理是砂糖与醋两者的绝妙组合。
酸酸甜甜的咖喱其实非常美味。令人胃口大开。

材料 4盘份量

色拉油……3大匙

需先下锅的香料
- 绿豆蔻……4粒
- 丁香……4粒
- 肉桂……5公分

洋葱……1大个
大蒜……2瓣
姜……2片
切块番茄……200克

3种基本香料
- 姜黄……1/2小匙
- 卡宴辣椒……4小匙
- 芫荽……1大匙

盐……1小匙
热水……100毫升
牛肉……500克
胡萝卜……1/2条
醋……2小匙
砂糖……2小匙

做法

切
1 菜刀与洋葱的纤维呈直角，横切洋葱成薄片。大蒜、姜磨泥，加入50毫升的水（食谱份量外）。
2 牛肉切成稍大块状。

炒
3 平底锅以中火热色拉油，加入需先下锅的香料，炒到绿豆蔻膨胀起来后加入洋葱，拌炒约5分钟至上色。
4 倒入大蒜和姜末水，炒约2~3分钟到水分蒸发。
5 放入番茄炒干。
6 加入3种基本香料和盐炒约30秒。☑

煮
7 倒入热水煮沸，放入醋、砂糖、牛肉、胡萝卜炖煮并拌匀。
8 盖上锅盖用小火煮约1小时。常常打开锅盖搅拌，煮到水分充分蒸发即可。

☑ 咖喱基底制作秘诀

因为大蒜末和姜泥的份量很多，又加入热水，含有大量水分，所以必须炒到完全没有青草味。炒到酱料会黏到锅铲上就算大功告成。

花菜白咖喱

虽然是白色酱汁，却有咖喱的味道。
其实做白咖喱并不那么难！

材料 4盘份量

色拉油……2大匙

●需先下锅的香料
- 绿豆蔻……3粒
- 丁香……3粒
- 肉桂……3公分

大蒜……1瓣

姜……1片

洋葱……1小个

无糖原味酸奶……100克

●基本香料
- 芫荽……1大匙

盐……1小匙

热水……300毫升

鸡肉末……150克

花菜……1/3颗

水煮蛋……4个

芒果酸辣酱……1大匙

鲜奶油……100毫升

●提味香料（用油炒过）
- 色拉油……1大匙
- 孜然籽……1/2小匙
- 红辣椒……4根

做法

切
1 大蒜、姜切碎，洋葱切薄片。
2 花菜分成小朵。

炒
3 用中火加热色拉油，翻炒需先下锅的香料。
4 倒入大蒜和姜快炒，加入洋葱炒到柔软。
5 转小火，倒入酸奶炒到水分蒸发，加入3种基本香料和盐炒匀。

煮
6 倒入热水煮沸，放入鸡肉末、花菜、水煮蛋、芒果酸辣酱，用小火盖上锅盖煮约5分钟，再打开锅盖煮约5分钟。
7 放入鲜奶油煮2~3分钟。
8 在锅中热色拉油，翻炒孜然籽和红辣椒，再将香料和油倒入步骤的锅中。

咖喱基底制作秘诀

减少着色香料的量，用不会着色的香料原形补足香气。将容易煮熟的洋葱薄片炒软，加酸奶进去时要转小火。

猪肋排咖喱

好吃到让你无法停手的猪肉咖喱。
用较大的火煮到酱汁收干，逼出猪肉的油脂和鲜甜美味。

材料 4 盘份量

麻油	2 大匙
●需先下锅的香料	
绿豆蔻	5 粒
丁香	5 粒
肉桂	5 公分
洋葱	1/2 个
大蒜	1 瓣
姜	1 片
水	100 毫升
●3 种基本香料	
姜黄	1/4 小匙
卡宴辣椒	12 小匙
孜然	1 大匙
盐	1/2 小匙
砂糖	2 大匙
酱油	1 小匙
料酒	2 大匙
热水	400 毫升
猪肋排	650 克

做法

切
1 洋葱切片，大蒜、姜研磨成泥，先溶于 100 毫升的水中。
2 在猪肋排上先撒上盐、胡椒（食谱份量之外）。

炒
3 在锅中热油，翻炒需先下锅的香料。
4 等绿豆蔻膨胀起来，加洋葱进去炒到金黄色。
5 加入步骤 1 的大蒜末、姜泥水，炒至水分蒸发。
6 加入 3 种基本香料和盐、酱油、砂糖、料酒炒匀。☑

煮
7 倒入热水煮沸，放入猪肋排。
8 用中火煮约 60 分钟，再用大火煮 3 分钟至酱汁收干即可。

☑ 咖喱基底制作秘诀

因为切薄片的洋葱只有半个，量较少，火转太大容易烧焦，用中火炒约7~8分钟便会变成焦糖色。倒入酱油后更容易焦黑，所以要快速翻炒到水分去除为止。

香料猪肉咖喱应用篇

这是一道结合猪肉的鲜美与香气，
和酸甜滋味融于一体、具丰富美味的咖喱。

材料 4盘份量

猪肩脊肉……600克
- ◆腌渍酱汁
  - 洋葱……1/2个
  - 大蒜……2瓣
  - 白酒……75毫升
  - 孜然籽……1小匙
  - 芥末籽……1/2小匙
  - 蜂蜜……1大匙
  - 日式腌梅（去籽）……1大个

红花籽油……3大匙
- ●需先下锅的香料
  - 绿豆蔻……5粒
  - 丁香……5粒
  - 肉桂……5公分

洋葱……1个
切块番茄……250克
无糖原味酸奶……50克
- ●3种基本香料
  - 姜黄……1/4小匙
  - 卡宴辣椒……1小匙
  - 芫荽……2小匙

盐……1小匙
椰奶粉……4大匙
热水……400毫升
- ●提味香料
  - 香菜……1把

做法

切
1 猪肉切成适合入口大小。用食物料理机将制作腌渍酱料的材料全部打成泥状。放进猪肉腌渍，移至冰箱冷藏。
2 洋葱切碎末，香菜切成任意大小。

炒
3 用中火在平底锅中热油，加进需先下锅的香料，炒到绿豆蔻膨胀起来。
4 放进洋葱炒至深的焦糖色。
5 加入番茄后将水分炒干。
6 放原味酸奶进锅内后再继续翻炒。
7 转小火，加入3种基本香料和盐炒匀。

煮
8 将腌渍的猪肉连同酱汁倒入锅中，煮到水分收干，猪肉表面全部上色。
9 加进热水和椰奶粉煮沸，转小火炖煮约1小时。再撒上香菜快煮一下即可。

☑ 咖喱基底制作秘诀

炒至焦糖色的洋葱是决定咖喱味道的关键。刚开始用大火炒，再从较强的中火慢慢调整到较小的中火，最少要翻炒10分钟。洋葱的水分一定要炒干。

香料鸡肉咖喱应用篇

充分运用所有香料使用技巧制作的咖喱。
浓郁且富有层次的风味是其特征。学会这道料理，就是香料达人了。

材料 4 盘份量

色拉油 …… 3 大匙

- 需先下锅的香料
  - 绿豆蔻 …… 4 粒
  - 丁香 …… 4 粒
  - 肉桂 …… 4 公分

洋葱 …… 1 个
香菜根 …… 1 把
大蒜 …… 2 小匙
姜 …… 2 小匙
芹菜茎 …… 3 厘米
切块番茄 …… 100 克
无糖原味酸奶 …… 3 大匙

- 3 种基本香料
  - 姜黄 …… 1/2 小匙
  - 卡宴辣椒 …… 1/2 小匙
  - 芫荽 …… 1 大匙

盐 …… 1 小匙
热水 …… 400 毫升
带骨鸡肉切块 …… 500 克
蜂蜜 …… 2 小匙
椰奶 …… 100 毫升
香菜的茎、叶 …… 1 把

- 提味香料
  - 色拉油 …… 1 大匙
  - 孜然籽 …… 1/2 小匙
  - 青辣椒 …… 2 根
  - 卡宴辣椒 …… 1/2 小匙

做法

切
1 洋葱粗切，香菜根切碎，茎和叶切小段。芹菜、大蒜、姜研磨成泥。

炒
2 平底锅以中火热色拉油，加进需先下锅的香料，翻炒香菜的根部。
3 放进洋葱用较强的中火炒约 7 分钟，再转中火炒约 3 分钟。
4 放入大蒜、姜、芹菜翻炒。
5 加入番茄、原味酸奶后拌炒均匀。
6 加入 3 种基本香料和盐，炒约 30 秒。

煮
7 加进热水煮沸，放入蜂蜜、鸡肉、椰奶用中火煮约 30 分钟。
8 撒上香菜的茎和叶拌匀。
9 以另一个平底锅用中火热色拉油，翻炒提味香料，再淋上炖煮酱汁的锅内即可。

☑ 咖喱基底制作秘诀

要一边注意火候大小，一边翻炒洋葱。香菜的根部和芹菜可以带给咖喱基底更深一层的香气。加酸奶之前，要把番茄尽量炒干。

小专栏 2

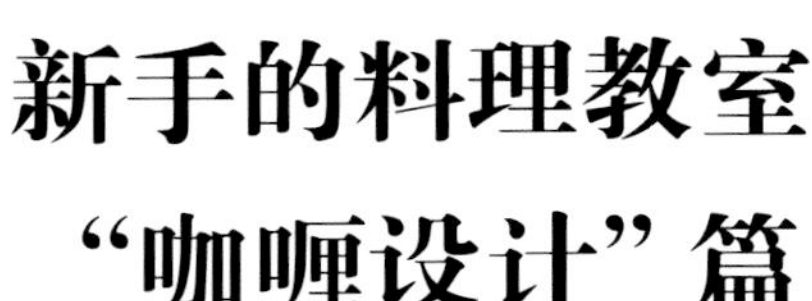

新手的料理教室“咖喱设计”篇

大学时代时，我在日本涩谷的一间老印度餐厅打工，在那里我第一次尝到绿咖喱。餐厅的菜单上有一道完全呈绿色的菠菜咖喱，那是我第一次看到像是把青绿色的颜料溶进少量水中一样的咖喱，大吃一惊之余，心里想着：“这是啥玩意儿？”餐厅的人说：“是菠菜做的咖喱啊！”我半信半疑地尝了一口，结果发现这里面居然有咖喱的味道！之后，我又再度陷入“这到底是啥玩意儿”的沉思中。

那时，我认为咖喱是褐色应该属于一件很普通的常识。但我脑中的常识在印度料理中并不适用。不只是绿咖喱，有一段时间也很流行白咖喱。像乳白色浓汤一样的东西，却散发出咖喱的味道，这也为我带来大大的震撼。

不管是对绿咖喱或白咖喱都十分着迷的我，想自己动手试着做做看。尝试制作菠菜咖喱比想象中简单，但做白咖喱时我就遇到困难。“到底要用什么食材，怎么料理，才会呈现那样的白色呢？”我心里冒出这样的疑问。不用香料的话，就无法做出咖喱的味道。但如果使用香料，就会有颜色。因为香料的功用便在于增加香气、增添色泽和提升辣度，香气和色泽是一体的两面。

在继续不放弃地多次实验，我发现了某件事——粉末香料很容易上色，但香料原形就不容易使料理着色。虽然这看起来是再简单不过的事，任谁都可以想到，但那时在身边并没有人教我怎样为咖喱调色。

关于这方面的书籍中，有提到姜黄粉的黄色和红椒粉的红色这件事。但因为我想做的是白咖喱，孜然粉和芫荽粉的褐色就变成一种困扰。干燥葫芦芭叶的绿色也让我很头痛，黑胡椒粉的黑色更是令我伤透脑筋。

与此同时，葫芦芭籽粉和绿豆蔻粉偏白的颜色，便让我如获至宝。几乎所有香料原形的部分，不管是翻炒或炖煮都不太会有颜色。

发现这项看似简单的规则，我便尽快着手调整食谱内容。我开始更多使用香料原形，粉末香料则集中使用不易上色的种类。在翻炒洋葱时只炒到柔软的程度，不炒到深深的焦糖色，再用椰奶和酸奶等白色的食材炖煮，于是便做出连做梦时也在思考的完美白咖喱。

善用香料就可以做出自己设计、各种颜色的咖喱。发现这项规律，我在这种香料游戏中沉迷了一段时间。我常想：可以做出什么颜色的咖喱呢？白

咖喱、柠檬色咖喱、红咖喱、褐色咖喱、深褐色咖喱，或是用黑芝麻或墨鱼汁便可以轻松做出的黑咖喱?

用菠菜、香草或叶菜类做成的绿色咖喱，再加上鲜奶油炖煮，就呈现浅绿色。加上姜黄的黄色，就变成黄绿色。在制作咖喱基底时，把洋葱炒到金黄色，再加上姜黄的黄色和番茄的红色，就会形成在表面浮上一层薄橘色油脂的美丽咖喱。如果用酸奶的白色为基底，再加上红甜椒的红色，便可以做出近乎粉红色的咖喱。

对我而言，料理锅就像是颜料的调色盘一样，格外有趣。让我可以像专业的设计师一样，自己设计调制出各种颜色的咖喱。

就这样，第一次的料理教室“咖喱设计”便诞生了。但咖喱的设计并不只体现在香料的颜色上，也会牵涉其他材料的颜色和经过加热后会产生什么变化。比如说，生洋葱虽然是白色，但加热后会变得透明，之后还会变成淡黄、褐色和深棕色。虽然盐是白色的，但加热后会变得透明。水则是本身就是透明无色。

理所当然地，我们不使用色素或调味料。因为香料咖喱是种能享受食材本身风味及自身颜色变化的料理。在开始着手准备制作料理，对成品的状态已有明确概念的情况下，要依照此项目标来设计食谱的工作难度非常高，但如果只将重点放在完成后的颜色上，却意外有趣。我觉得如果能以这种方式来设计香料咖喱，一定很棒!

问21 可以自己做咖喱粉吗？

答 当然可以。在此特公开用基本香料调配咖喱粉的方法，请大家试着挑战一下。相信大家会十分惊讶："只用4种香料可以做出咖喱粉吗？"是的，不仅如此，我觉得用以下配方调制而成的咖喱粉，远比市面上贩卖、使用20种或30种香料调配的咖喱粉来得美味许多。

材料 4盘份量

材料	份量
姜黄	1小匙
卡宴辣椒	1/2~1小匙
孜然	1大匙
芫荽	1大匙

※想要一次多做一点时，可以将上述配方中各种香料的份量增加2~3倍。

※熟成1个星期左右，可以让风味更香醇柔和。熟成1个月以上，香气更会有所改变。请享受因熟成时间的增加而发生变化的香气吧！

※即使只使用3种香料，也可以调配出咖喱粉。固定姜黄和卡宴辣椒的比例，加2大匙孜然，就变成孜然版咖喱粉；加2大匙芫荽，就会成为芫荽版咖喱粉。

※想调配出辣味咖喱粉，就要增加卡宴辣椒粉的量，不想那么辣，请减少卡宴辣椒的份量即可。

做法

混合：先将各种粉末放入调理碗中搅拌均匀。

翻炒：用平底锅开中小火加热，一直翻炒到香气释出为止。

熟成：放置一段时间，待冷却后，装到密闭容器中保存在阴暗凉爽的地方。

问 22

除了本书中介绍的食谱外，有其他可以使用香料的料理吗？

答 当然有很多料理可以使用香料。除了生鱼片和蛋糕之外，香料几乎适用在所有料理上。

拉面

做法 把热水煮开，倒入袋装拉面的面体。放进附加的调味粉和姜黄、卡宴辣椒、芫荽 3 种基本香料快煮。

心得 袋装拉面里有胡椒、七味辣椒粉这些香料，应该和香料粉很搭。我觉得酱油或豚骨拉面可以加孜然，味噌拉面或盐味拉面则适合加芫荽。

茶泡饭

做法 在碗中盛饭，撒上茶泡饭的调味料和姜黄、卡宴辣椒、孜然 3 种基本香料后，淋上热水。

心得 倒入热水后的热度，使香料的香气大量释放。用少量的香料，就可以体验到不同的乐趣。

味增汤

做法 在碗中放入市售的味噌汤包和姜黄、卡宴辣椒、芫荽 3 种基本香料，注入热水后搅拌均匀。

心得 虽然是令人惊讶的组合，但完全没有奇怪的感觉。味噌汤里的用料不同也会有差，但在本书中也有介绍猪肉味噌汤的做法，大家可以试着做做看。

纳豆饭

做法 把纳豆放进小碗中，加入黄芥末和姜黄、卡宴辣椒、孜然 3 种基本香料后，反复搅拌至拉丝状。加酱油进去后，再搅拌，放在白饭上。

心得 像纳豆这种具有独特强烈气味的食物，与香料非常合拍。尤其加入少量像是孜然这种具刺激性香气的香料，更是能达到绝妙的平衡。

关于工具的问答

问 23

除了平底锅之外，还可以用哪种锅？

答 用任何一种锅都可以制作咖喱，但单手锅较方便使用。因为香料咖喱的前半部分翻炒步骤非常重要，这时单手锅或平底锅可以翻锅。

问 24

平底锅的大小会影响翻炒或水分蒸发的时间吗？

答 会有影响。基本上，在拌炒时锅底面积越大，越容易导热，也越容易把东西煮熟。相反地，在炖煮时，锅底面积狭窄且深的锅煮出来的东西会越好吃。要用一个锅实现所有功能，可能也些难度。

问 25

在使用工具上，常听到“厚底锅”，为什么厚一点比较好呢？

答 因为热传导率较佳。底部薄的锅子也有容易烧焦的缺点。

问 26

如果没有量匙，可以计算香料的份量吗？

答 在习惯使用香料以前，养成正确计算香料份量的习惯，会容易理解份量和味道之间的比例关系，较易上手。没有量匙的话，请以一般汤匙或小茶匙代替。为了给各位做参考，在下图中我分别用一般汤匙和小茶匙来比较1大匙和1小匙的份量。

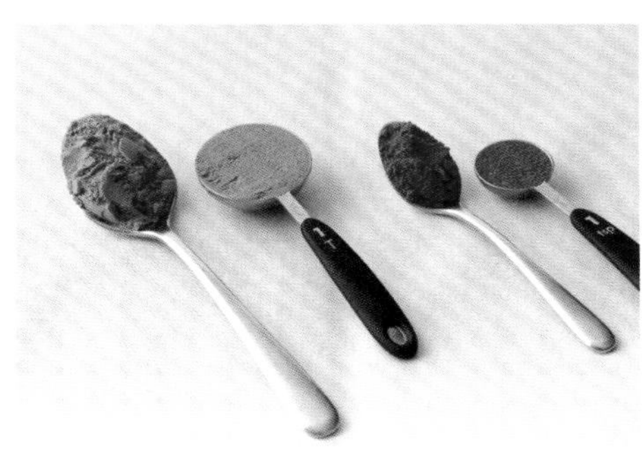

关于食材的问答

问 27 用色拉油或奶油可以吗?

答 用色拉油也没关系，也可以用奶油。但用奶油容易烧焦，要多加留意。在印度，人们也常使用精制过的奶油或芝麻油、椰子油、芥末籽油、花生油等多种油类，等习惯制作香料咖喱后，可以试着依照自己的喜好改变油的种类，这样一来又可以享受变换不同风味的乐趣。

问 28 鸡肉不去皮、不撒盐和胡椒可以吗?

答 在印度，人们通常会把鸡皮吐掉。但在日本有许多人喜欢鸡皮的味道，所以鸡肉带着皮也没有关系。而且在印度料理中的肉类通常不会先调味，但先撒点调味料应该会变得比较好吃。有时间的话，就先撒上盐和胡椒吧！

问 29 可以用市售的泰式咖喱基底吗?

答 虽然自己动手调配的比较好吃，但用现成的也没有关系。

问 30 大蒜、姜的一瓣或一片，是多大的大小呢?

答 所谓的一瓣大蒜，指的是从一整颗大蒜中剥下时的标准大小，大概是跟大拇指的第一关节部分一样大。一片姜大约和一瓣大蒜相同大小。

问 31 在磨姜泥时，去皮会比较好吗?

答 不去皮也可以。但在意去皮的人也有一个好方法。用左手拿姜、右手拿汤匙，再试着用汤匙的前端把姜皮去掉。会比用菜刀削皮来得薄，而且去得干净。

问 32 要怎么区分何时用大蒜末或姜末，何时用大蒜泥或姜泥?

答 请各位记住，如果想要清爽的口感和清新的香气时，切成蒜末或姜末。希望姜蒜的气味充分进入翻炒的洋葱，形成浓郁口感时，要研磨成泥。成为香料咖喱达人后，会依照计划中想要制作的咖喱颜色、口感、风味等，选择使用切碎末或磨泥这两种不同的手法。

问 33 使用大量的油，料理会比较好吃吗?

答 虽然也有程度不同的差别，基本上来说，用油量多，会让人感觉比较美味。通常印度餐厅里的咖喱用油量，是本书中的两倍以上。

问 34 不论哪种油都可以吗?

答 基本上植物油都可以适用在本书食谱中。但像芝麻油这种具有独特风味的油，多少会影响料理的味道时，要依自己的喜好来决定。一般来说，我通常都会用红花籽油或橄榄油，这也因为是我个人的喜好。

问35

有特定的酸奶品牌吗？有没有推荐的呢？

答 只要是原味酸奶，任何品牌都可以。虽然每个品牌可能会有些不同，但以个人喜好来决定即可。在确认食品成分时，如果有"100%鲜奶制成"最好，但大多数都会是"鲜奶、奶制品"。这样虽然也没什么关系，但要尽量避开使用添加糖、香精和其他添加物的产品。

问36

可以不用罐头番茄，用新鲜番茄吗？

答 因为考虑到一整年都要取得当季新鲜的番茄有点困难，所以本书的食谱都用味道和质量十分稳定的番茄罐头和番茄泥。不过在盛产期时，时令番茄既新鲜又美味，所以很推荐使用新鲜番茄。这种时候，要比使用罐头番茄产品时更频繁翻动锅铲，一边压碎番茄，一边要记得将水分炒干。

问37

请教不同种类的番茄在制作咖喱时如何区分？

答 市售番茄种类非常多。罐装的整颗番茄或切块番茄通常都使用意大利产的，味道有些不同，还有形状或水分含量也有差异。可依照料理的不同需要来选购。

※ 新鲜番茄：在当季非常美味。但过季后，风味便会降低。建议在使用时先尝味道再调整使用量。

※ 整颗番茄罐头：含有适量的果汁，适合用来做咖喱。重点在于要压碎番茄后再拌炒。

※ 切块番茄罐头：将整颗番茄切成小块的产品。因为质量稳定，十分便于使用，所以本书食谱中都使用此类。

※ 番茄泥罐头：大多是在炖煮番茄后的浓缩制品。有些产品可能会加盐。但建议选购使用100%番茄制成的产品。

※ 番茄酱：除了番茄以外，还有加砂糖、盐、蔬菜等原料进去的产品。想要让料理味道浓郁时常会使用。

关于头痛问题的问答

问38 请问翻炒洋葱的技巧

答 建议用较大的中火加热去除水分。在刚开始炒时，先不要翻动锅铲，像是在煎洋葱的感觉。到了料理的后半部分，渐渐开始频繁地搅拌平底锅中的洋葱。要判断“是煎得金黄的状态，还是炒焦”的关键，观察味道和香气比看颜色更重要。

2分钟后

4分钟后

6分钟后

8分钟后

10分钟后　完成

12分钟后　失败

问39 洋葱炒焦的话，要整个重来一遍吗？

答 如果整个呈现焦黑状态，也只能从头再炒一次。不过，有时也会有外表像是炒焦，但其实没有焦掉的情形。虽然很难判断，但应该要以香味为准，不要只看外观的颜色。发出焦臭味的话，就得从头来过。

成功　　失败

问40 切洋葱末和磨姜蒜泥很花时间，有其他省时方便的方法吗？

答 可以用食物料理机的切碎功能来切成碎末，或是用果汁机来打成泥。不过食物料理机的切碎功能会破坏食材的纤维，不太能达到理想中的大小。用果汁机来打泥不太适用于量少的情况，而且清洗机器也很麻烦。我认为勤加练习刀工来加快速度是最好的方法。顺便一提，市售的条状产品我觉得不是很好吃，不怎么建议大家使用。

问 41 无法接受辣味的话，要怎么调整才好？

答 辣味香料的代表当属卡宴辣椒粉。在食谱中，也有大量加入卡宴辣椒粉的料理。这是因为我个人的喜好，也为了增加香气。不喜欢辣味的人，请减少卡宴辣椒的使用量，然后把减少的部分，用红椒粉来补足香气。除此之外，黑胡椒、芥末等也是有辣度的香料。

问 42 怎样能让咖喱变辣？

答 请多加卡宴辣椒。如果是原形香料的话，请在刚开始料理时就下锅翻炒，如果是粉末，就以使用基本香料的方式使用。

问 43 把咖喱调得太辣，要怎么补救？

答 对于太辣的咖喱，并没有办法降低它的辣度。即使加入甜味，可能可以稍微缓和一下辛辣的感觉，但也只是变得甜辣，并没有改变辛辣的程度。或者可以在吃咖喱时加入生鸡蛋搅拌、搭配牛奶、酸奶一起食用，找别的东西来缓和咖喱的辣味。

问 44 不会掌握盐的使用量怎么办？

答 在香料咖喱中，通常建议在加入基本香料的同时一起加盐。如果此时加太多盐，很难挽回。所以，建议加入比预期要少一点的份量，在完成时试一下味道后再做调整。再者，食谱中的用盐量也只是参考。颗粒的粗细、盐分的浓度都会依盐的种类有所改变，所以了解使用盐的特征也很重要。

问 45 为什么加盐的时间是在炖煮之前？

答 建议放盐的时间点要与加基本香料同时。因为在这个时候加盐，容易带出香料的香气和辣度。不只有香料如此，所有要加入锅内的食材，一起撒上少许的盐，就能提升食材的美味。因此，最理想的方法就是在每次加入洋葱、番茄、肉类等新食材时，一一加入少许的盐，但我想这种方法很难做到。不管如何，在加香料时加少许的盐，保留最后调整味道的空间是最安全便利的做法。

问46 咖喱水分太多怎么办?

答 盐和水加太多的话都无法补救。加的时候要小心，注意要少量添加。如果还是水分太多，只有拉长炖煮的时间，让水分蒸发。

问47 加入多种香料原形时有顺序的差别吗?

答 越不容易煮熟的香料要越早放是基本规则。但其实并不会差太多，全都在同一时间放也可以。不过，如果用芥末籽或葫芦芭籽，建议要比其他原形香料早点放入锅内。

问48 用来腌渍肉类的酸奶也可以一起放进锅内吗?

答 酸奶是美味的来源，一定要一起放进去加热。

问49 肉桂要怎么切才好?用手折无法顺利折断，在搅拌时会产生碎片。

答 肉桂依照品种和状态的不同，硬度也有差异。难以折断的肉桂就不要勉强，整条放进料理中。相反地，如果在折断后产生很多碎片，随着料理一起下肚也没有大碍。

问50 香料咖喱和其他香料料理的差别在哪里?

答 两者的共同点是用少量的香料就可以完成。其他香料料理和咖喱的差别常因人而异。简单来说，淋在饭上食用的是咖喱，除此之外就是各式各样的香料料理。

问51 我很在意油的使用量，可以少用一点吗?

答 本书中色拉油的使用量，基本上是以每4个人的份量，用3大匙来计算。想要口感清爽些的话，可以试着减少1大匙。不过，这种时候建议使用有不沾锅加工的平底锅或锅，因为油量减少，铝制或不锈钢制的锅在炒洋葱时容易炒焦。另外，不在意用油量的人可以再多加一点油量，增加料理的口感和鲜甜。

问52 香料放太多的话，有补救的方法吗?

答 香料放太多的话，很难再拿出来。要小心不要放过量。

问53 现在还无法掌握炖煮时间的长短，如果只有酱料，里面没有任何食材，加水进去煮沸后就能食用吗?

答 如果是做没有其他辅料的咖喱酱，在加水后炖煮5分钟左右就可以完成咖喱酱的制作。不过，在炖煮食材时，会从食材本身释出高汤，让酱料更为鲜美，没有放任何食材进去则可能会让咖喱酱的味道显得单调乏味。

问69

咖喱基底中有什么食材?

答 咖喱基底有无数种版本。依照食材切法的不同、香料选择方式的不同和火候大小的掌握，就能呈现各式各样的面貌。在此整理了本书中所有的咖喱基底，请见以下的一览表。

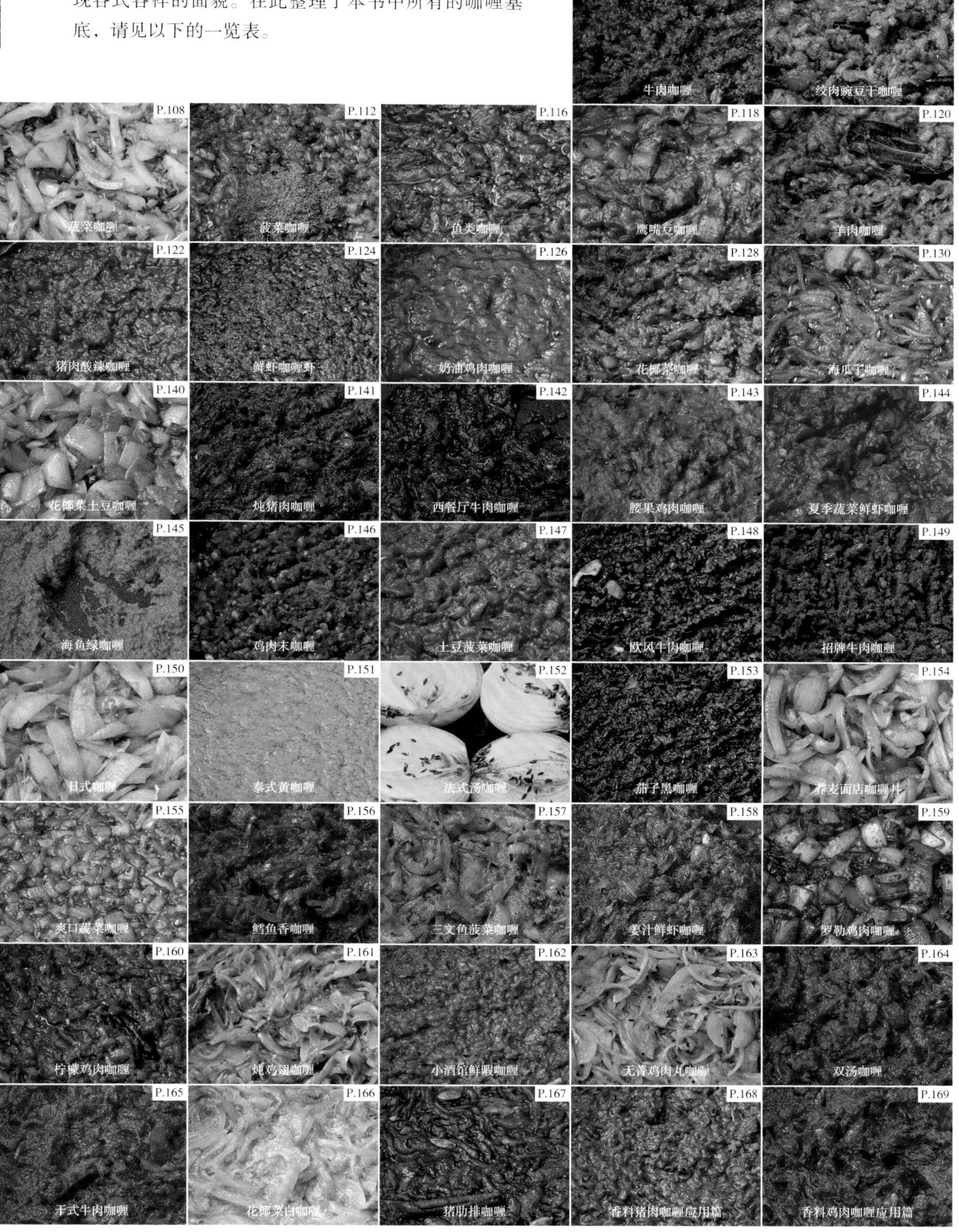

问 70　香料在料理中的应用

材料　4 人份

混合肉末	500 克
洋葱	1 大个
吐司	1 片
牛奶	80 毫升
鸡蛋（打散）	1 个
盐	1 小匙
基本香料	
姜黄	1/4 小匙
孜然	2 小匙
红花籽油	1 大匙
番茄酱	2 大匙
中浓酱	2 大匙
红酒	2 大匙

做法

1 吐司切边后撕碎，和牛奶拌匀。洋葱切碎，用 1 大匙的红花籽油（食谱份量外）拌匀。

2 和盐拌炒至稍微上色。加进基本香料炒匀。

3 在碗中放进混合肉末和蛋快速搅拌均匀。倒入步骤 1 浸泡在牛奶中的吐司，再加入翻炒过的洋葱，用手使劲搅拌揉捏使之产生黏性。再将肉泥分成 4 等份，整形成圆状。以平底锅热红花籽油煎汉堡肉，一面煎熟后翻面，盖上锅盖，用较弱的中火蒸约 8~10 分钟。煎好汉堡肉后，在平底锅内加进番茄酱、中浓酱和红酒煮到水分收干，再均匀淋在汉堡肉上。

汉堡肉

乍看是很平凡常见的汉堡肉。但入口的瞬间，便充满了香料的香气，是令人惊讶的汉堡肉。

材料　4 人份

猪里脊	2 片（300 克）
盐	少许
孜然	少许
面粉	少许
红花籽油	少许
白酒	2 大匙
酱油	1 小匙
圆白菜	4~5 片

做法

1 把猪里脊肉上的筋切除，两面都撒上盐和孜然，在室温中放 5~10 分钟。之后在肉片裹上一层薄薄的面粉，并拍除多余的部分。圆白菜切丝。

2 平底锅用较大的中火热油约 1 分钟，把肉排放进锅内煎约 1 分 30 秒，再翻面，盖上锅盖用中火煎 2 分钟。

3 取出猪肉，将圆白菜切丝摆盘。在空的锅中加进白酒和酱油煮干，淋在猪肉上。

嫩煎孜然猪排

与肉片一起煎的孜然，香气十足。虽然只有一小撮的份量，但已能充分感受其威力。从此之后，就多用孜然盐来代替胡椒盐吧！

材料　4 人份

- 橄榄油 …… 1 大匙
- 洋葱 …… 1 个
- 芹菜 …… 1/2 根
- 胡萝卜 …… 1 根
- 土豆 …… 2 小个
- 番茄 …… 1 个
- 基本香料
  - 姜黄 …… 1/4 小匙
  - 卡宴辣椒 …… 1/4 小匙
  - 芫荽 …… 1 大匙
- 盐 …… 少许
- 热水 …… 500 毫升

做法

1 洋葱对切后再切成 4 等份。芹菜、胡萝卜随意切成小块，土豆、番茄随意切成大块。

2 锅中热橄榄油，放进洋葱后，用较强的火候炒到表面焦黄，然后再加入其他的蔬菜拌炒。随后放进基本香料和盐一起拌炒。

3 倒入热水以小火煮约 30 分钟。

法式蔬菜清汤

法式蔬菜清汤是以长时间炖煮萃取蔬菜的精华。这类型的料理很适合与芫荽搭配。

材料　4 人份

- 酱汁
  - 芝麻油 …… 1 大匙
  - 米醋 …… 2 大匙
  - 酱油 …… 2 小匙
  - 蜂蜜 …… 1 小匙
  - 洋葱 …… 1/8 个
- 鲭鱼切片 …… 4 大片
- 基本香料
  - 姜黄 …… 1/4 小匙
  - 卡宴辣椒 …… 1/4 小匙
  - 孜然 …… 1/2 大匙

做法

1 洋葱切碎末，浸泡于水中，捞起沥出水分备用。再与其他制作酱汁的材料充分混合。

2 在鲭鱼片划上数刀，撒上少许的盐（食谱份量外）放置一段时间，去除鱼片上的水分后，将基本香料抹在鲭鱼片上。

3 鲭鱼片放在烤网上烤过后，放在盘子上，再将步骤 1 的酱淋在鱼片上即可。

烤鲭鱼

煎鱼的时候，最适合用孜然。先将孜然撒在鱼的表面，再加以揉搓使之入味后煎熟。

材料 2人份

猪肩脊肉……300克
芝麻油……2小匙
◆酱汁
砂糖……1大匙
酱油……1大匙
味淋……1大匙
酒……1大匙
姜汁……1大匙
●基本香料
卡宴辣椒……1/4小匙
孜然……1小匙

做法

1 先将制作酱汁的材料和基本香料混合均匀。
2 以平底锅热芝麻油，把猪肩脊肉两面煎到金黄上色。拿起猪肉，吸除多余油脂。
3 把酱汁材料煮到水分收干，淋在猪肉上即可。

姜汁猪肉

只要煎一下即可完成的简单料理。虽然酱汁是最后才淋上，但只要事先把香料拌进酱汁中即可。那香味会令人胃口大开！

材料 3~4人份

红花籽油……1大匙
鸡腿肉……200克
盐……1小匙
●基本香料
姜黄……1/2小匙
卡宴辣椒……1/4小匙
孜然……1/4小匙
水……200毫升
酱油……1大匙
鲣鱼高汤（颗粒状）……1/2小匙
芜菁……4个
水淀粉……4大匙

做法

1 鸡腿肉切成适合入口的大小。削去芜菁的厚皮、切成两半。姜切丝。
2 锅中热油，翻炒鸡肉和姜。再加入基本香料和盐。
3 倒水入锅煮沸，放进鲣鱼高汤颗粒，盖上锅盖煮约20分钟。放入芜菁后再炖煮10分钟，再将水淀粉倒入搅拌均匀即可。

鸡肉芜菁葛煮

日式“葛煮”的特征即是浓稠滑顺的口感和高汤的风味。与淀粉互相混合的香料会散发出柔和的香气。

材料 4人份

- 鰤鱼……4片
- ◆酱汁
  - 砂糖……1大匙
  - 酱油……2大匙
  - 味淋……2大匙
  - 酒……2大匙
- 红花籽油……1大匙
- ●基本香料
  - 姜黄……1/8小匙
  - 卡宴辣椒……1/8小匙
  - 孜然……2小匙

做法

1 鰤鱼先撒少许盐（食谱份量外），待渗出水分后，用水快速冲洗并拭去水分。将酱汁的材料和基本香料先混合均匀。

2 平底锅热油，将鰤鱼煎至两面金黄。

3 倒入酱汁后煮到水份收干呈黏稠状即可。

照烧鰤鱼

照烧料理是一般家庭中的常见菜色。把香料放进照烧酱中会产生什么变化呢？让我们来尝试一下吧！鰤鱼的味道会产生有趣的变化。

材料 4人份

- 鸡翅尖……700克
- ◆腌渍酱料
  - 酱油……2大匙
  - 盐……1小匙
  - 酒……1大匙
  - 大蒜末……1/4小匙
- ●基本香料
  - 姜黄……1/8小匙
  - 卡宴辣椒……1/8小匙
  - 孜然……2小匙
- 低筋面粉……4大匙
- 淀粉……4大匙
- 炸油……适量

做法

1 将鸡翅尖的关节部分切断，一边剥除鸡肉，一边将肉往外翻并去除细的骨头，只留下粗的那根鸡骨，弄成郁金香状。

2 混合腌渍的酱汁和基本香料，并将步骤1的鸡肉放入酱汁中抓揉使之入味。

3 将面粉和淀粉混合均匀，拿步骤2的鸡肉轻裹成面衣，放入180℃的油锅中油炸即可。

日式炸鸡

一般日式炸鸡的做法都是先腌渍过后再油炸。这里的做法也很简单，只需要在腌渍酱料中加入香料，就可以让平凡的日式炸鸡变身为充满迷人香气的香料炸鸡。

材料 4人份

橄榄油 …… 4大匙
红辣椒 …… 2根
大蒜 …… 1瓣
●基本香料
　姜黄 …… 1/2小匙
　芫荽 …… 1小匙
盐 …… 少许
茄子 …… 1条
红色彩椒 …… 1小个
黄色彩椒 …… 1小个
西葫芦 …… 1条
番茄 …… 2个

做法

1 去除茄子和彩椒的蒂头后，切成适合入口的大小。西葫芦切成1厘米宽的圆薄片。番茄随意切成较大块状，大蒜拍碎。

2 中火热橄榄油，放入大蒜和红辣椒（种子不需去掉），炒到大蒜焦黄后，放入除了番茄之外所有的蔬菜，和橄榄油拌炒均匀。再加进基本香料和盐翻炒。

3 放入番茄快炒，盖上锅盖用小火炖煮约20分钟。

普罗旺斯杂烩

芫荽在炖煮蔬菜类料理中也很好用。此料理中利用两种红椒粉的香气，让蔬菜更为美味。

材料 4人份

带骨鸡腿肉 …… 750克
◆腌渍酱汁
　番茄泥 …… 1大匙
　原味无糖酸奶 …… 50毫升
　大蒜泥 …… 1/2小匙
　姜泥 …… 1/2小匙
　盐 …… 1/2小匙
　柠檬汁 …… 2小匙
●基本香料
　姜黄 …… 1/8小匙
　卡宴辣椒 …… 1/4小匙
　芫荽 …… 1/2小匙

做法

1 切断带骨鸡腿肉的关节，剁成适口的大小。

2 将腌渍酱汁和基本香料充分拌匀，放入鸡肉，在冷藏库中腌渍熟成2小时左右。

3 用烤箱以250℃的温度烤15分钟。

番茄风味坦都里烤鸡

在印度将使用坦都里石窑烧烤而成的鸡肉，称为坦都里烤鸡。以酸奶和香料腌渍的鸡肉，具有诱人香气且柔嫩多汁。

材料 2~3 人份

青椒 ………… 5 个
南瓜 ………… 1/6 个
茄子 ………… 2 条
◆面衣
面粉 ………… 80 克
盐 ………… 1/2 小匙
泡打粉 ………… 1/2 小匙
水 ………… 100 毫升
●基本香料
姜黄 ………… 1/2 小匙
孜然籽 ………… 1 小匙
炸油 ………… 适量

做法

1 将制作面衣的材料与基本香料混合，放置约 30 分钟。
2 青椒纵切成 4 等份、南瓜切成 0.5 厘米宽的薄片、茄子斜切成 1 厘米宽的片状，再分别裹上面衣。
3 用 180℃的油温油炸。

印度炸蔬菜

所谓印度炸蔬菜，是印度版的天妇罗。轻咬裹上一层薄薄面衣的酥炸蔬菜时，嘴里突然迸出孜然籽的香气，是非常新鲜的味觉体验。那个味道一定会让你爱不释手。

材料 2~3 人份

红花籽油 ………… 2 大匙
茄子 ………… 3 根
盐 ………… 少许
●基本香料
姜黄 ………… 1/4 小匙
卡宴辣椒 ………… 1/2 小匙

做法

1 把茄子切成宽 3 厘米的薄片，在切口断面处抹上盐。
2 拭去茄子切片处渗出的水分，撒上基本香料。
3 平底锅热油，把茄子排在锅中用中火煎约 1 分钟。翻面后盖上锅盖，再焖约 1 分钟。打开锅盖煎到让水分蒸发即可。

香煎茄子

在印度加尔各答有一种用大量的油酥炸茄子的料理。在此尝试使用香料代替大量的油脂，是少油版的印度香煎茄子。

材料 3~4人份

- 土豆……2个
- 水煮蛋……2个
- 基本香料
  - 姜黄……1/8小匙
  - 卡宴辣椒……1/8小匙
  - 孜然籽……1/8小匙
- 盐……1/2小匙
- 欧芹……适量
- 蛋黄酱……3大匙

做法

1 水煮土豆，趁还有热度时稍微压碎，撒上基本香料和盐。水煮蛋也要先压碎。

2 将蛋黄酱、欧芹放入碗中拌匀即可。

土豆色拉

印度料理中也常使用土豆，非常适合与香料搭配。这道在日本大受欢迎的小菜加入香料之后，就成了充满诱人香气的一品小菜。

材料 4人份

- 橄榄油……2大匙
- 胡萝卜……2根
- 孜然籽……1/2小匙
- 基本香料
  - 姜黄……1/4小匙
  - 卡宴辣椒……1/4小匙
- 沾酱
  - 橘子汁……1/2个
  - 芥末籽……1/2小匙
  - 盐……少许

做法

1 将胡萝卜切丝，先撒上少许盐（食谱份量外）放置一段时间，再挤出水分。再将孜然籽放进平底锅中干炒。

2 制作沾酱。将步骤1的孜然籽、基本香料、作沾酱的材料放进料理碗里，用搅拌棒打匀，一边加入少量的橄榄油，一边搅拌。

3 把步骤1的胡萝卜拌入步骤2的沾酱中即可。

胡萝卜色拉

虽是法国常见的色拉，但只要一加入印度料理的香料精华，便摇身一变为崭新的味觉享受。

材料 2~3 人份

- 红花籽油 …… 1 大匙
- 秋葵 …… 2 包
- 红辣椒 …… 4 根
- 基本香料
  - 姜黄 …… 1/8 小匙
  - 孜然 …… 1/2 小匙
- 盐 …… 少许
- 柠檬汁 …… 少许

做法

1 去除秋葵蒂头，在秋葵上划上数道刀痕。

2 平底锅用中火热红花油，加入红辣椒炒至表面全变为黑色。放入秋葵拌炒，再加入基本香料和盐翻炒均匀。

3 淋上柠檬汁，快速翻炒即可。

炒秋葵

充分运用红辣椒的独特香气和冲击性辣味制作而成的料理。秋葵在印度也是常见的蔬菜，与孜然的香气十分搭配。是可以享受秋葵完整外形及清爽口感的一道小菜。

材料 2~3 人份

- 红花籽油 …… 2 大匙
- 孜然籽 …… 1/2 小匙
- 大蒜 …… 1 片
- 姜 …… 1 片
- 基本香料
  - 姜黄 …… 1/4 小匙
  - 卡宴辣椒 …… 1/8 小匙
- 香菇 …… 10 小朵
- 洋菇 …… 12 小朵
- 盐 …… 少许
- 柠檬汁 …… 少许

做法

1 把香菇和洋菇切成较小的块状。拍碎大蒜和姜。

2 平底锅热油，炒孜然籽。放入大蒜、姜翻炒到释出香气时，先放香菇进锅内拌炒，再放洋菇，并加盐和基本香料翻炒。

3 挤上柠檬汁后翻炒即可。

炒双菇

将滋味丰富鲜美的香菇和洋菇，加上香料拌炒，便完成了香气迷人的一道小菜。请尽情享受浓缩在柠檬汁中的美味菌菇精华。

材料 3~4 人份

- 番茄 …… 2 个
- 牛油果 …… 1 个
- 莫扎瑞拉起司 …… 1 个
- 洋葱 …… 1/4 个
- 基本香料
  - 姜黄 …… 1/8 小匙
  - 孜然 …… 1/4 小匙
- 橄榄油 …… 2 小匙
- 盐 …… 少许
- 米醋 …… 1 大匙

做法

1. 将番茄、牛油果、莫扎瑞拉起司切成宽 1 厘米的薄片。洋葱切碎末。
2. 平底锅热色拉油，放入洋葱炒到金黄色后，再加基本香料和盐、米醋一起拌炒。
3. 将步骤 1 材料装盘，淋上步骤 2 的酱汁即可。

意式番茄起司色拉

将意大利料理中的色拉再自行搭配组合出的创意小菜。起司和番茄两种食材在印度料理中也很常见。请各位充分体验起司、番茄两者在加上香料后所产生的绝佳美味。

材料 3~4 人份

- 菠菜 …… 1 把
- 橄榄油 …… 1 大匙
- 大蒜 …… 1 瓣
- 基本香料
  - 孜然 …… 1/2 小匙
- 红辣椒 …… 2 根
- 盐 …… 少许

做法

1. 拍碎大蒜。把红辣椒折成两半，取出辣椒籽。用盐水煮过菠菜后，泡入冷水中，沥干水份后切成 5 厘米的长度。
2. 平底锅热橄榄油，炒红辣椒和大蒜。
3. 放进基本香料拌炒，加入步骤 1 的菠菜快速翻炒，再以盐调味。

香炒菠菜

深绿色的菠菜是让人食欲大开的一道美味，加入些许香料后会散发出微微香气。与风味浓郁的肉类等料理一起搭配时，便能衬托出菠菜的特色。

材料　2人份

意大利面（直径1.4毫米）	160克
洋葱	1/2个
火腿（块状）	120克
蘑菇	5个
青椒	2个
帕马森干酪	30克
奶油	10克
盐	少许
橄榄油	2大匙
●基本香料	
姜黄	18小匙
卡宴辣椒	1/2小匙
孜然	1小匙
番茄酱	3大匙

做法

1　把意大利面煮熟。洋葱、蘑菇切丝。青椒去蒂头和种子后切丝。火腿切成1厘米厚的条状。

2　平底锅热橄榄油，用中火炒软洋葱。放入火腿拌炒，再加入蘑菇继续炒。接着放入青椒，再加基本香料和番茄酱充分翻炒均匀后，加5大匙煮意大利面的水（食谱份量外）稀释。

3　沥干煮好的意大利面放入锅中，加入帕马森干酪翻炒后，拌入奶油即可。

拿坡里意大利面

拿波里意大利面是以番茄酱充分翻炒意大利面的料理。在翻炒时加入香料，会产生强烈的香气。

材料　2人份

意大利面（直径1.6毫米）	160克
蟹味菇	150克
橄榄油	2大匙
大蒜	1瓣
红辣椒（去籽）	4条
●基本香料	
姜黄	1/8小匙
孜然	1/4小匙
白葡萄酒	30毫升
欧芹	适量

做法

1　大蒜切薄片，将蟹味菇一一分成小朵。去掉红辣椒的种子、切碎欧芹。煮熟意大利面，面心稍硬。

2　平底锅热橄榄油，放进大蒜、红辣椒，小火炒到大蒜微焦后取出。放入蟹味菇、盐、基本香料翻炒。

3　倒入白葡萄酒与步骤1的意大利面混合，撒上欧芹和大蒜即可。

蒜香辣椒蟹味菇意大利面

因为蒜香辣椒意大利面是用油拌炒意大利面的简单料理，所以香料的魅力很容易发挥。试着在大蒜、红辣椒的香气上，再添加些新鲜的香味吧！

材料 2人份

甘咸三文鱼切片 …… 1片
红辣椒 …… 1根
葱 …… 10根
- 基本香料
  - 姜黄 …… 1/8小匙
  - 孜然 …… 1/8小匙

盐 …… 少许
炒芝麻 …… 1/2小匙
米饭 …… 2人份

做法

1 葱切碎，将红辣椒对切、取出种子。在甘咸三文鱼片上撒盐，稍微放一段时间，再抹上基本香料。

2 烤步骤1的三文鱼片，并去掉鱼骨和皮后，将鱼肉取下，用菜刀轻轻剁碎。

3 以平底锅转大火煎红辣椒和辣椒籽、葱和炒芝麻。倒入步骤2的三文鱼碎肉翻炒后，撒在米饭上即可。

三文鱼香松盖饭

这是一种可以下饭的香料香松拌饭。在翻炒香料后再加料拌炒，除了释出大量香气外，还有炒制过后的焦香，让人食欲大开。

材料 2人份

红花籽油 …… 2大匙
鸡蛋 …… 1个
米饭（微温） …… 400克
葱 …… 15厘米
甜玉米粒（罐头） …… 50克
酒 …… 1大匙
盐 …… 少许
- 基本香料
  - 姜黄 …… 1/4小匙
  - 卡宴辣椒 …… 1/8小匙
  - 孜然 …… 1/2小匙

酱油 …… 少许

做法

1 葱切碎。把酒和基本香料加入蛋液中充分打匀。

2 炒锅热锅后关火，等锅凉一点时倒入红花籽油，再转大火放入蛋液。把饭倒入锅内，用大火炒到粒粒分明为止。

3 用盐调味，放入葱和甜玉米粒快炒，再放酱油即可。

玉米炒饭

这是份可以感受玉米甘甜味道的炒饭。因为添加的香辛料具有刺激性的香气，更容易带出鸡蛋的温和美味与玉米粒的甘甜。

材料 3~4 人份

猪五花肉（块）……150 克
白萝卜……1/6 根
胡萝卜……1 小根
牛蒡……80 克
香菇……3 朵
长葱……1 根
魔芋……100 克
昆布（10cm 块状）……1 片
味噌……80~100 克
色拉油……1 大匙
● 基本香料
  姜黄……1/8 小匙
  卡宴辣椒……1/8 小匙
  芫荽……1 小匙
水……1000 毫升

做法

1 把胡萝卜、白萝卜对半纵切后，再纵切一次，之后再切类似银杏叶的薄片。削去牛蒡外皮后切圆片，泡在水中。香菇切丝，长葱斜切。用汤匙将魔芋分成块状，淋上热水。猪五花肉切成适合食用的大小。

2 热色拉油，放入胡萝卜、白萝卜、牛蒡、香菇、魔芋稍微翻炒后，加进基本香料和盐炒匀。

3 把水、昆布、猪肉和青葱的部分放入锅内煮沸，捞除油脂和浮沫后再用中火炖约 15 分钟。最后再放味噌和葱白进去快煮过后即可。

猪肉味噌汤

在猪肉味噌汤里放香料？很令人惊讶吧！撒上七味辣椒粉，可以让香气更丰富。就把香料当成“三味辣椒粉”尝试一下吧！

材料 4 人份

奶油……15 克
洋葱……1/2 小个
南瓜……1/4 个
番茄……1/2 个
● 基本香料
  姜黄……1/4 小匙
  卡宴辣椒……1/4 小匙
盐略多于……1/2 小匙
水……400 毫升
欧芹……适量

做法

1 洋葱切丝，挑去南瓜种子和南瓜心后削皮，随意切成小块。番茄切块，欧芹切碎。

2 锅中加热奶油，一一放入洋葱、南瓜、番茄翻炒。

3 加入基本香料和盐快炒，倒入水后转小火，煮到南瓜变软。待南瓜冷却后用食物调理机打成泥状，再倒回锅中加热，撒上欧芹即可。

南瓜浓汤

这是个呈美丽橙色的南瓜浓汤。姜黄的黄色和卡宴辣椒的红色把南瓜的色彩妆点得更鲜艳，更可衬托出南瓜的鲜甜。

材料 4人份

红花籽油 …… 2大匙
萝卜干丝 …… 30克
胡萝卜 …… 1根
炸豆皮 …… 2片
高汤 …… 300毫升
● 基本香料
  姜黄 …… 1/8小匙
  卡宴辣椒 …… 1/8小匙
  芫荽 …… 1/2小匙
砂糖 …… 1大匙
酱油 …… 1大匙

做法

1 把萝卜干丝快速清洗过后，用刚好淹过干丝的水量浸泡约15分钟。待干丝变软，用手捞起，轻轻挤干水分，切成适当长度。胡萝卜削皮，切成厚约0.5厘米的银杏叶形状。炸豆皮用热水去油后，切成适口的大小。

2 起油锅，放入胡萝卜拌炒，加进基本香料拌匀后，再放萝卜干丝一起翻炒。

3 放入切好的炸豆皮、高汤进锅中煮滚，加砂糖和酱油后，盖上锅盖，用中火炖煮约20分钟即可，炖煮时要经常搅拌。

萝卜干丝

或许有人觉得萝卜干丝加香料进去，实在很奇怪。不过，如果把它当成撒七味粉一样，让小菜多增加些特殊风味，就会产生美味的想象。

材料 2~3人份

茄子 …… 6根
橄榄油 …… 2大匙
● 基本香料
  姜黄 …… 1/8小匙
  卡宴辣椒 …… 1/8小匙
  孜然 …… 1/2小匙
盐 …… 少许
柠檬 …… 少许
欧芹 …… 少许

做法

1 切碎欧芹。除了茄子以外的材料都放进调理碗中搅拌均匀。

2 烤好茄子后去皮。

3 将步骤1和步骤2混合均匀即可。

凉拌烤茄子

茄子柔软的口感和香料刺激性的香气十分合拍，是一种全新的味觉体验。是道适合搭配任何料理的万能小菜。

材料 2人份

芝麻油 …… 100毫升
红花籽油 …… 50毫升
姜 …… 2片
长葱 …… 1/3根
基本香料
- 姜黄 …… 1/4小匙
- 卡宴辣椒 …… 2大匙
- 孜然 …… 1小匙

盐 …… 1小匙

做法

1 先把姜、长葱切碎。
2 在料理碗中放入基本香料，加2大匙的水（食谱份量外）进去充分拌匀。
3 平底锅热芝麻油和红花籽油，放姜、长葱和盐炒至金黄色，再连油一起倒入步骤2的料理碗中搅拌均匀即可。

食用辣油

香料和油脂是一对绝佳拍档。因为除了基本香料之外，带有强烈香气的蔬菜也一起翻炒，能增加料理的整体香气。因为加了盐，是个适用于任何料理的万能调味料。

材料 4人份

红花籽油 …… 1大匙
大蒜 …… 1瓣
姜 …… 1片
长葱 …… 1/2根
混合肉末 …… 700克
基本香料
- 姜黄 …… 1/8小匙
- 卡宴辣椒 …… 1/2大匙
- 孜然 …… 1小匙

盐 …… 1/2小匙
味噌 …… 100克
砂糖 …… 1小匙
味淋 …… 2大匙
酱油 …… 1大匙
芝麻油 …… 1小匙

做法

1 切碎大蒜、姜和长葱。
2 平底锅热红花油，放入大蒜、姜炒到释出香气。再放进长葱炒软。
3 按照顺序一一加入混合肉末、基本香料、盐、味噌、砂糖和味淋。
4 淋上酱油快速炒匀，再拌入芝麻油即可。

味噌肉末

香料味噌肉末是适合配饭下酒的小菜。十分不可思议的是味噌和香料的味道非常合拍，孜然的香气让肉末更加美味。

小专栏 3

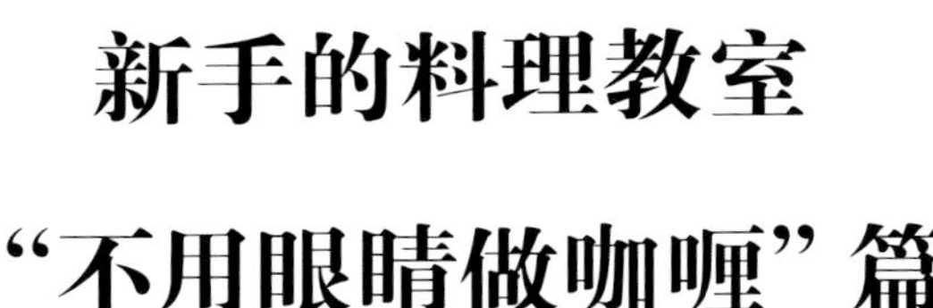

新手的料理教室 “不用眼睛做咖喱”篇

我时常说，为了要做出美味的咖喱，应该要用眼睛仔细观察、用鼻子仔细辨别气味、用耳朵仔细分辨料理时食材所发出的声音。尤其是在料理教室的这种场合，我会在学生面前一边实际操作示范，一边说明着“这里要多加注意”“这个气味要仔细分辨”“发出这种声音，火就要转小”。我认为最重要的，就是详细观察锅里面的食材目前处于什么状态。

某天，我接到一个很特别的消息，是一个专为视力障碍者举办的料理教室邀请。参加的学员都属全盲或弱视的视力障碍人士。当时我无法马上了解这到底是怎么一回事，这是要教眼睛看不见的人如何做咖喱吗？虽然我那时回答“那我们来试试看吧！”但我为一筹莫展而伤透脑筋。

我先在自己家里试着蒙上眼睛来做咖喱。你觉得会成功吗？怎么可能！先热油，加进香料原形。虽然看不见孜然籽是否已经煎到上色，但因为总是发出相同的声音，所以在差不多的时间放进洋葱，从那时开始翻炒。刚开始虽然用大火，但困难的是之后要渐渐调成小火。我用左手握着单手锅并开始翻锅，这一切的动作都和平常一样。但因为看不见燃汽炉的位置，不知道要把锅摆在哪里，也不知道锅是否摆在炉火的正中央。

洋葱翻炒的状态，虽然可以从声音和香气来分辨，但我还是会担心，因为不知道洋葱在锅里的哪个位置。我用木铲敲了敲锅底，让洋葱平均散布在锅里面。我似乎可以克服眼睛看不见的状态来做咖喱了，但又好像没做出个像样的东西。好想看看锅里面的食材变成什么样子！我试着忍耐了一下，但还是没办法抑制住想看的情绪，结果不到5分钟，我就把蒙着眼睛的面罩拿下。

这样一来，我还有办法担任料理教室的老师吗？真正的学生应该是我吧？后来，我试着和工作人员讨论这个问题，对方说会有习惯与视障者沟通的志愿者协助，所以无须太过担心。我只要像平常一样教导学员使用香料制作咖喱的技巧即可。因为以前没有过这种经验，所以感到担心，但还是试试看吧！

就在这样之下，第一次的新手料理教室“不用眼睛做咖喱”便开始了！参加的学员聚集在位于涩谷区建筑中的料理实习室里。可以感觉得出来每个人的心情都很兴奋。我像往常一样，向大家说明制作香料咖喱的既定顺序后，便开始实际操作。参加的学员分成好几个小组，开始翻炒洋葱。因为眼睛

看不见，学员们对料理的气味和声音非常敏感，对洋葱香气和翻炒声音的变化都仔细地提出问题，彼此交换意见讨论。

我认为在刚开始翻炒洋葱时要用大火，这次也一样如此。虽然担心可能会炒焦，但如果不教大家正确的做法，反而对大家不好。结果，没过多久，各小组就开始有状况发生了。切碎的洋葱末黏在锅子内侧，已经开始有烧焦的迹象。我便马上拿着装了水的量杯在各小组之间穿梭，挽救这种情形。

结果，所有小组的炒洋葱都没有烧焦。但老实说，在我看到的小组中，也有我认为翻炒的洋葱应该已经烧焦到无法挽回的地步。但即使如此，试吃学员们最后完成的咖喱时，没有一组的咖喱留有焦味，大家的成品都非常美味。原来，洋葱烧焦到那样的程度也没关系，这是这次的一大收获。

从那次咖喱教室到现在也差不多2年了。我又接到第2次“不用眼睛做咖喱”的邀请。这次的主题不是制作咖喱，而是调配香料的工作坊。因为也有非视障者参加，所以为全部学员准备了眼罩。在我看来，用鼻子嗅出香料的香气，然后在大脑中输入香料的特征、名称和其他信息，这样的作业流程最适合不用眼睛。

在工作坊中，所有学员都用鼻子靠近香料，仔细分辨香料的香气。在工作坊结束前，大家都依照自我喜好调配了综合香料，满心欢喜的结束课程，盛况空前。香料的魅力在其香气。不依赖视觉，反而能让嗅觉更加灵敏，更增添了创造力。如果因为这样，可以做出比之前更好吃的香料咖喱，也是很棒的一件事。

SPICES roots & fruits JILL NORMAN
Herbs&Spices
the cook's reference
DK
THE CINNAMON CLUB COOKBOOK IQBAL WAHHAB & VIVEK SINGH
indian essence ATUL KOCHHAR
Technology of Indian Milk Products
TASTING INDIA
TANDOOR Ranjit Rai
OVERLOOK
rasoi: new indian kitchen vineet bhatia
ALFORD DUGUID
MANGOES & CURRY LEAVES
CULINARY TRAVELS THROUGH THE GREAT SUBCONTINENT
ARTISAN
The Heritage of Indian Tea
D.K. TAKNET
IIME

第4章

为什么香料咖喱那么迷人？

要做出美味的香料咖喱，
就得知道它的魅力来自何处。
让我们的思绪驰骋在香料悠久的历史中，
听听专业料理人对香料的想法，
这样一定会变得更喜欢香料咖喱。

香料的历史

很久以前，香料曾经与黄金一样是十分昂贵的稀有物品。印象中世界历史的课程里也有这样的说法。尤其是黑胡椒、丁香和肉桂，似乎更为珍贵，是能治愈身体疾病的良药，同时也是让人陶醉于香气之中的奢侈品。所以香料的地位崇高，非常受到重视，国家之间也常为了香料的问题不断发生烧杀掳掠的战争。这从现代人的角度看来真是难以置信。依稀记得有些知名的探险家、欧洲诸国的舰队名、战争的年号和名称，都曾经与印度这个国家和东南亚诸国的岛屿有过一些连结。

想到从前欧洲各国的人们为了抢夺香料而杀红了眼，得到香料后就兴奋异常、沉醉于香气之下的举动，我便觉得日本的香料文化还未臻于成熟。香料在日本虽然没有那么昂贵，但绝大多数人不会大量搜购并在日常生活中使用。超市香料贩卖区的品种和摆设也不会常有变化，看不出大家有时常购买消费的迹象。踏出只能在肉类上撒胡椒盐的这一步，试着制作香料咖喱，我觉得也是个很不错的挑战。

了解香料的历史，让自己的思绪驰骋在历史长流中，是件十分愉快的事。多了解香料的历史，便会对香料产生更大的兴趣。西方国家想要寻找香料，结果发现了新大陆、贸易活动也因此展开，打开了与异国文化交流的大门。香料一定是让整个世界发生剧烈改变的关键之一。以下开始发展的一系列香料物语，是我依照一定程度的历史事实，搜集相关信息，再结合自己的心得和疑问，想象撰写而成。与香料有密切关系的各个登场人物，到底在想些什么？做了些什么事？在那之后，香料又变得如何？请各位务必一起跟我踏入这个历史与想象的香料世界。

陆地丝路VS.海洋丝路

当盛极一时的罗马帝国逐渐衰败，即使中世纪的欧洲已转变为封建社会，人们对香料的急切需求还是没有改变。即使时代有变，香料的魅力依然不减。因为在自己国家内无法种植香料，只能到热带亚洲地区寻找。在这个时代，有“陆地丝路”之称的陆上贸易交通路线已然形成。为了运送香料，有一条从东南亚经过中国大陆，一直到中亚的路线。欧洲人应该是自己越过中东地区，到印度或东南亚寻找、购买香料。当时应该也有深具野心和冒险精神的人，但可能在前往异国的途中遭遇敌人攻击，山上应该也有强盗出没，能平安无事地将香料运送回国是件非常困难的事。或许也有人从事香料贸易中介的工作，那便是指位处欧洲与亚洲之间的中东地区势力，也就是波斯帝国。

在印度或东南亚，香料随处可见，且数量多到想要丢弃，价格更是十分低廉。这些当地人弃之如敝屣的东西，居然可以成为黄金。中东的香料中介商应该隐瞒了这个秘密，借此暗中赚取庞大的利润吧？只是位居两者中间的中东国家，居然可以借此获取暴利，实在是听了都让人非常气愤。不管是从前或现在，这种不当利益都一直存在。这种交易有一个问题，如果经由陆路运输，无法一次搬运大量货物。那时还没有高速公路，也没有大型卡车，一定要用某种动物拖拉着车搬运，所以能装载的货物量十分有限。

有没有能一次搬运更大量货物的方法呢？解决这个难题的便是波斯帝国所开拓的“海上丝路”，也就是不经由陆地运输，而是由海路运送东南亚的香料到欧洲。这条路线是从中国南部出海，行经东海、南海和印度洋，绕过印度南端，再往北前进到阿拉伯半岛。这条路线的开发，成就了伊斯兰国家强盛的势力，因而取代了波斯帝国。运送到阿拉伯半岛的香料，如果通过了位于阿拉伯半岛南端的港湾，抵达连接着亚洲与非洲大陆的港口，欧洲便近在眼前。如果能用船舶运送，便能比用陆路的方式运载更大量的香料。这是条划时代的路线！充分运用这条全新香料丝路的欧洲国家，据说是威尼斯。虽然在欧洲任何一个国家，胡椒都属于最珍贵高级的香料而倍受重视，但考虑到各国的地理位置，位居地中海正中央的意大利，比起地处内陆的德国、法国，或是离中东国家有一段距离的西班牙、葡萄牙，在地理位置上都要更有优势。威尼斯商人对追求财富有超越常人的执着。他们不顾一切危险，通过商业船队经由海上贸易路线与亚洲各国直接进行贸易，也借由贸易商经由陆地丝路取得香料。他们想尽各种方法来取得香料。能做到这种程度，真的是让人无法判断到底是想要金钱，还是想要香料？这种异常的举动，孕育了名留后世的著名探险家马可波罗。

马可波罗的父亲也是位探险家。据说他出生之前，父亲便动身前往亚洲，有15年左右没有回来。但他似乎并没有因此而厌恶父亲，反而对在青春期才第一次见面的父亲所叙述的各国冒险轶事颇有兴趣。应该是马可波罗的身上早已流淌着探险家的血液了吧？1271年，17岁的马可波罗和父亲一起出国进行探险，那是场历时24年的长途之旅。出发时经由陆地丝路，回国时走海上丝路，这样算来，回国时的马可波罗已经41岁。在这之后，他出版了著名的《东方见闻录》，这本书是流传至今、第一本欧洲人对亚洲留下纪录的书籍。他对没有造访过的日本（Zipangu）有着以下“黄金之国”般的形容：“因为在这个国家黄金随处可见，所以该国人民都拥有大量的黄金。欧洲还没有任何一个人去过这个国家，就连商人也是如此。因此，如此丰富的黄金从古至今，都没有迈出国门一步。”

关于传说中的日本，马可波罗用尽个人的想象再予以诠释。但他对日本的描述可能有些无法信赖。因为如果他对日本有那么大的兴趣，已经千里迢迢经由陆地丝路抵达北京的马可波罗，不可能不再多走一点路前往日本。在那个香料等同于黄金的时代，为了寻找香料，有多少商人奋不顾身，而且黄金之国就近在眼前！再加上没有任何人到过这个国家，这种引发无限冒险心情的描述，实在是很难解答这个疑问。不过，不管怎样他们没有来过日本，就算是来了，这里没有黄金，也没有香料。

而经由海上丝路拜访东南亚各国的马可波罗，亲眼看到当地拥有丰富的胡椒、豆蔻和丁香等香料，也遇见海外各国想要寻找香料、蜂拥而至的船队。关于香料贸易的热络情况，更以“言语难以形容”来描述。他通过《东方见闻录》中描写的东方各国景象，引发欧洲各国人们的无限想象和冒险心，更加深大家对香料的憧憬。虽然这么说，香料交易的方式并没有发生剧烈变化。香料贸易的世界里有着复杂多样的利害关系，每更换一次中介商，价格就会被哄抬。1299年，奥斯曼帝国因为作为陆上丝路东西方贸易的中介国，经济大为繁荣，势力范围拓展到现今土耳其，他们对通过该国领土的货物征收高额的税金。

如果要经由陆路绕过奥斯曼帝国，在地理上有很大的风险。或许有人会想，如果没有办法经由陆路，可以通过海路。但通过海上丝路，东南亚各国的交易会有中国人、马来西亚人干扰，与印度的交易，印度洋周边会有伊斯兰势力干预其中，穿过阿拉伯半岛前往欧洲的最后关卡，则有埃及人把守。不通过这些中介国家就无法获得香料，欧洲人对这样的情况会感到非常不满也是可以理解。像现在可经由“空中丝路”自由地运送货物或往来各国的时代尚未来临。对欧洲人毫无止境的强烈欲望，我实在难以置信。结果，也因为这股强烈的需求，新的时代终于揭开了序幕。

地理大发现时代产生的香料梦

在地理大发现时代，欧洲各国对于香料所做的冒险，与以往的模式有些不同。以前主要是由想获得财富的商人，用个人的勇气和实行力来执行。到了地理大发现时代，则由个人阶层的自我挑战，晋升到由各个国家倾一国之力来进行。欧洲各国想避开中间的中介国家，直接进行香料贸易的路线是绕过非洲的南端。但是，在当时大家认为这条路线是有勇无谋的探险家的盲目之选。因为当时有一个迷信，即从葡萄牙的里斯本出发，稍微往南航行，越过非洲北部博哈多尔角（Cape Bojador）后，海面即处于沸腾滚烫的状态。“沸腾的海面”这种听起来就像是吹牛般的笑话，但在那个没有地图的时代，也是难以避免。

而打破这项迷信的，就是有“亨利航海王子”之称的葡萄牙王子恩里克（Infante D. Henrique）。他并不喜欢那种只身一人果敢不顾一切地投向惊涛骇浪式的冒险，而是组织能力很强，有计划性地寻找能让这趟冒险成功的方法。因为他个人身分背景的关系，财力雄厚，他在宫廷里设置天文台，进行与航海相关的研究来避免任何可能的疏失。结果，1434年他成功越过了人人恐惧的博哈多尔角。虽然这是一项伟大创举，但从地图上的非洲大陆来看，离最南端还非常遥远。从结论说来，地理大发现时代最伟大的成就，便是发现了经由非洲大陆最南端抵达印度的航线。而成就这个伟大关键的人，是一位叫作迪亚士（Bartolomeu Dias）的航海家。他奉葡萄牙国王的命令出海航行，虽然大海并未沸腾，但在因狂风暴雨侵袭而不知所措时，不经意地发现已经绕过了好望角（日文中称为喜望峰）。这是在1488年时，发现印度航线的第一步。

据说，因为迪亚士历经了惊滔骇浪，一开始并不是称作喜望峰，而是称为“风暴角”。但后来因为葡萄牙想要祈求自己国家的未来能顺利发展，而把“风暴角”改为意义完全相反的“喜望峰”。喜望峰这个名字取的很好，因为它结合了到达未知土地的“喜悦”，以及在这个海角的前方，应该有丰富香料宝藏的“希望”与期待。绕过好望角后，到达印度的路程也就不远了。不过，欧洲人要经由这个航线取得香料，还需要点时间。对葡萄牙勇敢航向未知大海的挑战，其他国家也并非坐视不管。对此行动反应最快、燃起熊熊对抗火焰的就属邻国西班牙。在这个时期，大家已经放弃了海上丝路的航线，从地中海内侧抵达阿拉伯半岛的航线也随之消失，所以不适合威尼斯商人大展身手。地理大发现时代的主角，转移到葡萄牙和西班牙身上，两国间的征战是众所瞩目的焦点。既然向未知大海航行是国策，那么便需要两种人互相配合。一种是掌握国家决策权和管理执行政策资金的人物，另一种就是拥有执行力且有勇气实际出海的人。也就是说，需要一国之君和探险家两者。那到底是谁向谁下赌注呢？这就是为了香料而不断反复上演的赌局。

地理大发现时代究竟有多少探险家为了寻找香料而远赴异乡？能名留青史的，只有做出成果，以及率领团队的领导者，所以人数不算多。哥伦布、达伽马和麦哲伦这3人算是功业彪炳且最出名的，但我在意的是，他们出身于哪里？是什么样个性的人物？是哪个国家在背后协助他们？在香料的世界里，他们到底留下了什么样的功绩？

哥伦布（Cristoforo Colombo，1451–1506）原本是出身于意大利北部（今热那亚’Genova）的纺织工，在20多岁时转行做了水手，自学了航海相关的知识，且身材高大帅气，再加上拥有强烈自信，是个非常有野心的人。如果我也出生在同一个时代，一定会认为他是个高傲自大的讨厌家伙吧！但哥伦布不只是有野心，也非常有执行力。作为一个探险家，他还没有任何实际成果，也没有什么人脉关系。在当时社会阶级分明的体制下，再怎样哥伦布也不可能列为国家政策下大航海计划中率领船队的候选人。发现了这一点的哥伦布，便用与总督女儿结婚的手段，提高自己的身分地位。

在那个以到达非洲南端为航行目标的主流社会里，哥伦布有着相当独特的创见。那便是如果从大西洋一直往西边前进，应该总有一天会抵达印度大陆。如果从地球是圆的这个理论来推测，他的计划很有可能成功。另外一个可能，是他如果跟随以前的探险家以同样的路线航行，就无法成为先驱者。对自己有着极大自信的哥伦布，便开始找了葡萄牙的约翰二世国王诉说自己的构想。不过，国王怎么会相信一个突然出现的意大利青年所说的话呢？

满腔热情的哥伦布遇冷，又拜见了西班牙的伊莎贝尔女王。伊莎贝尔女王对大西洋往西前进的这个计划内容，也许根本毫不关心，但落后而焦急的西班牙，却正需要哥伦布。被挑起了与葡萄牙对抗心情的伊莎贝尔，和哥伦布家乡那些对获取财富抱有异常执着的威尼斯商人们，便决定一起投资哥伦布的航海计划。1492年夏天，哥伦布的船队从帕洛斯港（Palos de la Frontera）出海，顺利地一直往西航行，在发现了加勒比海上各个岛屿后又继续前进。对哥伦布而言，这趟旅程本来是想要寻找抵达印度的航道，但实际上却成为发现美洲新大陆的序曲。哥伦布把美洲新大陆误认为印度，而把当地原住民称为印地安人（Indian，印度人）的故事也颇为知名。

美洲不可能生产胡椒和丁香，取而代之的是发现了辣椒。1943年春天，哥伦布结束了不到一年的航海之旅，意气风发地回到西班牙，船上载满了辣椒。西班牙人看了大失所望。但女王还是相信了与她报告“已经抵达印度”的哥伦布，于是又再投下巨额资金资助哥伦布第二次出海。但是，实行从大西洋往西前进路线的哥伦布，接着发现的是多米尼加和牙买加，不可能是印度。对第二次航行仍然无法带回胡椒的哥伦布，女王和威尼斯商人们都感到很失望，据说女王还抱着失望落寞的心情，咽下最后一口气，这样不幸的结局就不太为人所知。

但是哥伦布将辣椒带回欧洲的历史事件，在香料的历史上仍然占有重要分量。辣椒具刺激性的辣味深受大众欢迎，欧洲便开始掀起了栽种辣椒的风潮。辣椒在印度料理中所占的重要地位，也是从此时开始。也许我们应该思考在美味的印度咖喱中，哥伦布也扮演了一个关键的角色。

往东航行？还是往西航行？是个关键

据历史资料推测看来，葡萄牙人达伽马（约1460—1524），并非属于富冒险精神的探险家，虽然工作认真踏实、性格也不错，但他应该没有什么经商的天赋。1497年，他的船队从葡萄牙出发，在10个月之后抵达印度的马拉巴尔（Malabar）海岸，他是个达成工作目标、完成世上首创之举的男子。对突然出现在眼前的葡萄牙人，印度人当然感到非常震惊。据说达伽马很老实地回答询问其航行目的的印度人，是为了“寻找香料而来”。马拉巴尔海岸正是胡椒的产地。早已对香料贸易习以为常的当地人，怎么可能会给老实的达伽马有利的交易条件呢？达伽马这趟冒险航行，并没有为葡萄牙带来巨额财富，其最重要的意义在于开创了一条不需经由陆地丝路与海上丝路的新航线，可以直接将香料运进欧洲。所以，在漫长的时间长河里，垄断印度洋一带的伊斯兰国家势力逐渐衰退，取而代之的是为了抢夺香料所产生的欧洲各国间的对立。

拥护哥伦布，想要抵达印度而大失所望的西班牙，一定很忌妒葡萄牙的成功。而成功宣示西班牙的国威与骄傲者，便是麦哲伦（约1480—1521）。不过，麦哲伦本身是葡萄牙人，属最下层的贵族，是海军的士官。虽然他过着每天认真执行任务的规律生活，但他自己则希望在人生中，可以作为一名船员，去发掘海上生活的乐趣。因此他向葡萄牙国王曼努埃尔提议，自愿担任船长，申请组织船队前往东南亚探险，但马上遭到拒绝。毫无疑问，是葡萄牙觉得印度航线已经到手而产生的自傲，让国王有这种反应。

为此感到无比失落的麦哲伦，便离开祖国，移居至西班牙，在那里出现了愿意资助他的人，那便是西班牙国王卡洛斯一世。他信赖麦哲伦担任海军士官的实际经验，因而想要为此一搏。拒绝麦哲伦的葡萄牙与伸出援手的西班牙，这样反差极大的对比，酷似哥伦布的遭遇。结果，葡萄牙就此与之后将名留青史的两大探险家失之交臂。

但让我更感兴趣的是，麦哲伦的计划与哥伦布相同，都是以印度为目标，从大西洋出发后一直往西航行。不知道卡洛斯一世听到麦哲伦的计划时，脑中是否想过哥伦布并未找到印度航线的失败。但即使如此，他也下定决心投资在麦哲伦身上。1519年麦哲伦的船队航向大海，通过非洲大陆后，穿越大西洋、太平洋，在大约两年后抵达了印度尼西亚的马鲁吉群岛。之后，在1521年，因当地民众间的战乱而死于菲律宾宿务岛。幸免于难的船员们在麦哲伦死后仍继续航行，完成绕地球一周的创举，在1522年回到葡萄牙。也就是说，麦哲伦自己并未完成绕地球一周的梦想，而是他的伙伴替他达成这个任务。

在地理大发现时代的前半段，主要是西班牙和葡萄牙两国的对立。葡萄牙从非洲南端开始往东航行，发现印度航线。相反的，西班牙从大西洋往西航行，穿越太平洋而找到通往印度的航道。但从结果来看，可以说葡萄牙获得压倒性的胜利。因为葡萄牙取得胡椒、豆蔻、丁香等这些当时炙手可热的香料，而西班牙实际上能到手的只有辣椒。

在与香料有关的大环境下，存在着绝妙的供需平衡。站在这个舞台上的演员们，虽然各自需求不同，但也借着彼此利用而继续向前。对探险家而言，只要有国家愿意资助达成计划，是哪个国家都无所谓。从另外一个立场，那些资助国只要求探险家能对自己国家带来利益即可，不会过问国籍。之后剩下的便是谁要参与这场赌局。从欧洲方面的香料交易看来，这样的架构得以成立，但从香料原产地的亚洲各国立场看来，则是无法忍受。如果是进行公平的商业交易那还无话可说，但在各香料产地的交易上，却存在许多无情的剥削和压榨，累积众多当地的民怨。尤其是对葡萄牙的强烈憎恨，当地也曾出现了反叛活动。因此，葡萄牙的势力逐渐衰弱，另外，在欧洲势力渐渐扩张的荷兰，也开始蠢蠢欲动。

树木惨遭破坏、树苗也遭移植

葡萄牙在当时主要占有印度和马鲁吉群岛，因此想要避开与葡萄牙正面冲突的荷兰，便将其目标放在爪哇、苏门答腊两个岛屿上。1595年，东南亚远征队从阿姆斯特丹出海，虽然他们的航程艰辛，但在一年二个月后，抵达了爪哇岛的港湾，建立香料贸易的据点。没过多久又马上派遣第二梯次的远征队，在1602年成立了荷兰东印度公司，这代表着荷兰正式加入香料贸易的战局，而盛极一时的葡萄牙势力则走向黄昏。我认为荷兰东印度公司的手法十分狡猾，他们为了提高自己手中香料的价格，将一定范围以外的香料植栽、树木连根拔除。荷兰不仅拥有可独占香料贸易的环境，还哄抬香料的价格。让香料不仅是吸引人们的宝物，还成了商业买卖的工具。

在香料贸易上比荷兰还要晚行动的英国，则显得有些绕了弯路。为了要与往东航行的葡萄牙和往西航行的西班牙相抗衡，不惜挑战往北的航线，最终在北极全军覆没。如果要说比较显著的成功事迹，也只有德瑞克（Francis Drake）船长抵达东南亚和进行丁香贸易而已，除此之外都是难以描述的结局。1601年，英国由兰开斯特（James Lancaster）率领着船队，背负着伦敦商人的期望而出海。这趟远洋航行收获了成功的果实，英国在苏门答腊岛建立了据点，不过那里早已被荷兰的气息所笼罩。

兰开斯特本来是个经商者，1588年，英国舰队击败西班牙无敌舰队时，据传他登上商船，从旁协助英国舰队。在1591年时，他也担任爪哇岛和香料群岛探险船队的司令指挥官。据说这个探险队的船舰，曾经参与西班牙无敌舰队的战役。活跃于地理大发现时代的船只，到底是什么样子呢？如果是贸易船只，只要能载运货物即可。不过，在这必须赌上性命的冒险航程中，需要不会被惊涛骇浪吞噬的重型装备。再加上前往目的地的途中可能会有海盗，抵达目的地的岛屿后也可能遭到攻击。那个时代在亚洲海域进行征战的欧洲各国船只，一定要有媲美战舰的装备吧！

也就是说，掩护射击无敌舰队的船只，也可以用来运送香料。有记录称，第一次惨遭失败的兰开斯特曾在第二次航行于马六甲海峡时，发现并扣留了葡萄牙船只，并掠夺了货物。这意味着他具有足以抢夺他国船只货物的装备。兰开斯特为了想要将香料据为己有，已经到了不择手段的地步。而英国在当时也不过是个无法与荷兰匹敌的众多小国之一。

在兰开斯特从英国出海航行的1601年，荷兰向西班牙海军挑衅，在直布罗陀海峡战役中赢得胜利。之后，并趁势对香料群岛和班达（Banda）群岛施压。在亚洲地区展开的香料争夺战，已经变成国与国间的纠纷，而欧洲各国在亚洲上演的竞争剧情也逐渐与在欧洲本土相同。如果在自己国家周围取得胜利，香料便容易到手。反之，在亚洲失去了海上控制权，不只无法得到香料，连在本国周边的地位也显得岌岌可危。虽然英国对荷兰发动了数次战争（1623年安波那大屠杀），但最终只能臣服于荷兰脚下，遭到逐出香料群岛的命运。此后长达一百年的时间，荷兰与英国之间又发生了无数次的战役。

此时，有一个国家出人意料也来试着取得香料，那便是法国。1770年左右，担任毛里求斯行政官员、同时也是植物学家的法国人普瓦尔（Pierre Poivre）借着多次进出马鲁吉群岛骗过荷兰人，偷渡丁香种苗到属于法国势力范围的岛屿上栽种繁殖。这个想法，远比抢夺他国船只来得高明。因此法国便开始自己栽种丁香，无须侵略他国便有大量的香料作物。之后以类似手法，而且变得更光明正大的便是英国。1795年，英国舰队攻击荷兰统治下的马六甲，成功在马六甲占有一席之地。但英国对占领香料诸岛这个得来不易的胜利果实，并不感到满足，又开始有所行动。他们把豆蔻的种苗带出该岛，移植到马来西亚的槟城（Penang）。因为当时著名的植物学家史密斯（Christopher Smith）极为活跃，丁香与豆蔻的生长地区从东南亚周边，拓展到印度洋一带，生产量也因而大增。而且，曾经贵重无比的香料价格，也跌落平民能够负担的水平。

荷兰彻底破坏香料植栽，将其连根拔起的行为，与法国、英国移植香料种苗的做法，可说是完全相反。后者的做法或许更值得称颂，但在香料的世界里，这样的方法是好是坏却不得而知。不过，为了要移植香料种苗，植物学家逐步兴起，也是足以改变香料历史上的一件大事。

很晚才加入香料战争的法国，占领了印度的一部分，并独自持续进行香料贸易，但最终也臣服于英国脚下。1763年，长期争夺印度统治权的英法两国，终于有了结果，法国必须撤军印度，由英国统治全印度。此后英国统治了印度很长一段时间，一直到印度独立为止。但这件事对香料的历史并没有很大的影响，如果一定要举出一个，应该就是几乎没有受到欧洲大陆饮食文化影响的印度料理，在英国逐步开花结果，进步到世界一流的水平吧！

一言以蔽之，围绕香料的历史就是围绕人类欲望的历史。那些想赚饱荷包的商人，也有提供资金援助者与探险家的组合。到了最后，连植物学家也被卷入这场纷争，欧洲各国花了漫长的岁月在香料的各种纠纷中。当时具有无限诱人魅力的香料，到了现代，有哪些地方是与从前的历史有关呢？如果在地理大发现时代中不惜牺牲性命的冒险家，来到现代的香料世界里，又会作何感想？他们费尽心机不惜一切也想得到的香料，现代人可以轻松、廉价地取得。使用香料制作咖喱这个行为，也只不过是点缀日常生活、为其增添色彩的一件小事。不过，在自家厨房里完成了香气迷人的香料咖喱后，何不在品尝美味时，试着让自己回味一下那段历史，别有一番味道。

香料观问卷调查

本书访问了在东京、千叶、大阪、北海道经营咖喱餐厅的主厨，并向这些香料使用达人提出问题。大家可以从他们的回答和留下的信息中感觉出每位主厨的香料观。

问：如果只能使用5种香料的话，会选择哪5种？（未按照顺序排列）

大阪 Takako
Ganesh n

1.姜黄
2.红辣椒粉
3.芫荽粉
4.孜然籽
5.芥末籽

我主要是做印度的家常菜。虽然印度家常菜多是素食，但是我认为唯有香料才能以温和的方式带出蔬菜和豆类的甜美滋味。如果用这种香料制作咖喱，无论是健康还是亚健康的人，或是老人、小孩都会觉得很美味。虽然这是自己的理论，但这是我的答案。

Takeshita hiroyuki
Ganesh n

1.姜黄
2.肉桂
3.芫荽
4.丁香
5.红辣椒

如果只有5种香料，无法表现出具有深度的味道和香气，所以对我来说还需要孜然和绿豆蔻。

铃木贵久（Suzuki Takahisa）
Ghar

1.芫荽籽
2.姜黄
3.红辣椒原形
4.茴香籽
5.葫芦芭籽

虽然这个问题我想了很久，但最后我把问题单纯化，选择最常使用的香料作为答案。我会将香料炒干后磨碎，再用油加热，所以大都用香料原形。自己在以前工作的餐厅里，有南印度的厨师教我香料的用法，所以我倾向用这种方式处理香料。

川崎真吾（Kawasaki Shinngo）
Spice Curry Maruse

1.姜黄
2.红辣椒
3.孜然
4.芫荽
5.绿豆蔻

到底要选孜然还是丁香，让我十分犹豫。但依我的经验来看，日本人要判断这是否是咖喱时的重要因素，正是是否加孜然，所以最后我选了孜然。有孜然味道，就算是做其他国家的料理，好像也会让人觉得这是咖喱。

然后我又做了另一种类型的咖喱。虽然跟孜然的话题有点重复，但如果不从辣度或酱汁颜色来判断，味道应该也是不错，而且还很像是出自专业级厨师之手。因为我想既然要做咖喱，就干脆做一整套套餐吧！用芥末籽、孜然、肉桂、丁香、绿豆蔻这几种，配菜用芥末籽、孜然。主菜用孜然、肉桂、绿豆蔻、丁香。芥末则拿来作为抹酱，这样料理的种类选择就会很广泛。虽然我也很想用姜黄和红辣椒，但可以依个人喜好来添加。

长崎章彦（Nagasaki Akihiko）
Spa Spa Spicy Curry

1.粗粒孜然籽
2.粗粒芫荽籽
3.辣椒粉
4.粗粒黑胡椒
5.绿豆蔻粉

芫荽和孜然这两种香料，是现在日本提到咖喱香气时，不可缺少的两大元素。少了这两种就会有点令人失望，或许也无法让人感受到这是咖喱。辣椒粉因为有“咖喱=辛辣”的既定印象，所以或许还较好理解。但我个人觉得山椒、姜、芥末籽等的辣度，对日本人的咖喱感觉来说很难留下深刻的印象。我个人觉得黑胡椒是在做咖喱时，用来均衡各种香气的调味料，有其不可或缺的重要性，同时也是种可以让人感受到香气、辣度和一点咸味的万能调味料。另外，我个人偏好绿豆蔻，像京都的黑七味粉那种，不管什么料理都想撒上一点。大家可以试着将绿豆蔻撒在日本料理上，像渍物、关东煮、烤鸡肉串等，搭配起来味道十分和谐。其次是新鲜的咖喱叶，因为在日本不容易取得，所以没有列入前5名。它和绿豆蔻有不同的香气，又具有和黑胡椒不同的万用功能。在我餐厅中使用的咖喱叶是我自己栽种的。

杉野辽（Sugino Ryo）
Dalbhat 食堂

1.孜然
2.芫荽
3.姜黄
4.辣椒
5.葫芦芭

香料在尼泊尔料理中是不可或缺的东西。除了大蒜、姜以外，不管是香料原形或粉状香料都会使用。以我的观点来看，香料的功能绝对属于提升料理风味这一方面。在做料理时会注意的是，香料与食材的搭配和两者会产生什么样的加乘效果。其他也会配合食材的风味选择合适的香料，或者依照想象中料理的味道来选择。所以我几乎都是依照食材来做搭配，而这也是尼泊尔料理的特征。顺道一提，我最喜欢的香气，其实是在刚起油锅阶段放入辣椒后所产生的香味。

菅尚弘（Suga Naohiro）
Tsukinowa curry

1.孜然
2.绿豆蔻
3.丁香
4.肉桂
5.芫荽

用调整音频的感觉来说，属于基础低音一类的香料是丁香和肉桂，而成为中坚骨干中音的是孜然，作为整体焦点的高音则是绿豆蔻和芫荽。对我来说这5种香料是做咖喱时不可缺少的元素，在制作咖喱时我会尽量保有这5种香料的特色，再追求彼此间的平衡以衬出食材的美味。

Tom
Tomntoco

1.芥末籽
2.姜
3.姜黄
4.辣椒粉
5.芫荽

只能用5种香料的话还真令人苦恼，不过能用最少的香料做出好吃的咖喱，也让人觉得很厉害，所以这是个挺有意思的问题。我个人比较喜欢简单、清爽且带有新鲜香气的咖喱。选了芥末籽而没有选孜然，也是因为自己的喜好。

使用香料时需避免加过量，要以提炼出最浓香气为目标，注意放进锅内的时间点。因为我的风格是属于以南印度咖喱为基础的一派，在起油锅时会先放入芥末籽，最后才放孜然、咖喱叶等适度用油加热，而在南印度则会使用孜然。

对于咖喱，我每天都在研究要如何展现能让人感受到鲜美的酸度。除此之外，我也很爱绿豆蔻、干燥葫芦芭叶的香气。我个人偏爱新鲜可让人感受到热情活力的咖喱。为了追求理想中的咖喱，每天都朝着这个方向努力着。

野村豪（Nomura Gou）
NOMSON CURRY

1.姜黄
2.芫荽
3.孜然
4.芥末籽
5.绿豆蔻

选用哪几种香料虽然跟做咖喱种类有关，但基本上不能缺少姜黄、芫荽、孜然这3种，我觉得有这3种香料应该就能让人觉得这是咖喱。虽然在辣味上想选辣椒，但辣度可以用其他食材代替的话，就属芥末籽。剩下的1种我在丁香和绿豆蔻之间犹豫，最后选择了绿豆蔻。因为我个人更喜欢绿豆蔻。在印度拉茶中，我也喜欢那种具有强烈绿豆蔻香气的种类。只能选5种实在很难（笑）！翻阅香草或香料的专门书籍后得知，若将香料的定义范围扩大，姜和大蒜也可纳入其中，这里暂时不做这种考虑。除此之外则有干燥葫芦芭叶、八角、黑豆蔻等，在本店的马萨拉中绝不会缺少这几种。

川崎诚二（Kawasaki Seji）
Buttah

1.孜然
2.芫荽
3.红辣椒粉
4.绿豆蔻
5.丁香

前面的3种，无论是原形香料或是粉状，使用频率都很高。以个人喜好来说，我最喜欢的是绿豆蔻，香气非常高雅迷人，美丽的绿豆蔻是香料中的皇后。在印度拉茶中放入几颗磨碎的绿豆蔻饮用，实在令人感到无比幸福。再来则是丁香，它的外表可以打一百分。丁香在热油中膨胀的样子很可爱，干燥时的纤细外表，一膨胀起来就变成小孩似的体型，真的让人觉得无比可爱。牙齿痛时也可以将其当作止痛剂，十分厉害且万能，加入咖啡中也很好喝。

明石智之（Akashi Tomoyuki）
BOTANI CURRY

1.姜黄
2.孜然
3.芫荽
4.丁香

5.绿豆蔻

除了姜黄、孜然、绿豆蔻这些基本香料之外，我选择加上丁香和绿豆蔻。带有浓郁甜香的丁香与需要炖煮的牛肉咖喱很搭，而且具有去除牛肉特有腥味的功能。带有清新香气的绿豆蔻，会在鸡肉咖喱或肉末咖喱时使用。它与丁香的气味也很搭配，是做马萨拉时的必要香料。另外在用油加热时也会使用。

中村千春
（Nakamura Chiharu）
Magari

1.咖喱叶
2.芥末籽
3.卡宴辣椒
4.TUNAPAHA（斯里兰卡的综合香料）
5.Maidive fish （马尔地夫鱼，类似柴鱼）

有上述香料的话就非常足够。基本上这些都是我自己的喜好……虽然没有不能搭配的食材，但相反我觉得也没有不得不加的必要。如果考虑到要有能促进食欲的香气，还有入口时的浓郁口感，就会列出这5种。浓郁和鲜美的口感我觉得是咖喱最重要的关键。

北海道
奥芝洋介
（Okushiba Yousuke）
奥芝商店

1.孜然
2.芫荽
3.姜黄
4.绿豆蔻
5.丁香

辣椒类香料让我非常犹豫要选哪个。如果一定要浓缩成5种，上述这些应该就是我的答案。原因在于这5种是在家中做咖喱时最常用到的香料。其实我自己的店里，咖喱内并没有加绿豆蔻，但还是香气迷人，所以它应该是香料中最让我感到犹豫的一种吧？到目前为止都还未做出完美的葛拉姆马萨拉。能认识这些有趣的香料实在很幸运。

相马镇彻（Souma Shigeaki）
咖喱叶　咖喱餐厅

1.孜然
2.芫荽
3.丁香
4.绿豆蔻
5.肉桂

这5种很普通，但香料的使用并不在于种类的多少，而是怎样利用其香气和味道来衬托料理。这5种是香气浓郁但能让人感到心情平稳安定的温和气味。追求乍见之下的两种极端是自己的职责。如果可以再多1种，那当然是咖喱叶。而辣椒则会使用新鲜辣椒把它当成蔬菜来用。对我而言，香料是种带有魔法的颗粒，可以让食用的人身心元气满满。

久保田信（Kubota Makoto）
gop no anagura

1.辣椒
2.芫荽
3.绿豆蔻
4.肉桂
5.丁香

如果有上述这些香料，就可以完成各种料理，不管是咖喱、热炒、炸物、点心或马萨拉茶。因为使用范围很广，虽然我很想把店里的缅甸咖喱也在使用的姜黄列入其中，但因为店内的葛拉姆马萨拉使用绿豆蔻、肉桂、丁香3种香料，以前也曾向斯里兰卡人学过这3种香料做的咖喱，所以上面5种那些是我心中的最好选择。使用香料时会注意“要少量添加”的原则。放足香料份量的话，味道会难以改变，在达到9成左右时便停下来，留一点空间。自己会注意保持香料的特色，但也能让料理散发出温和的香味。

藤井秀纪（Fujii Hidenori）
Soup curry king

1.孜然
2.姜黄
3.绿豆蔻
4.芫荽
5.丁香

这5种都是制作咖喱时不可缺少的香料，在店里都属于最基本的香料，再来就是依据个人喜好增加辣度即可。如果可以再增加第6种，就属具有辣度的卡宴辣椒。在使用香料时会注意的是彼此间的平衡，而不是种类越多越好。因为即使少量使用，也可以大幅改变料理的味道，所以需要重视整体的平衡来调制香料。对我而言，香料是种需要一直努力研究的调味料。我也还有许多没使用过的香料，即使是同一种香料，产地不同香气和味道也会大有差异。身为日本人，要能完全掌握香料的特性，并且能够善于调配，实在不是件容易的事。一直研究学习关于香料的知识，而且有新发现，让我感到乐在其中。

植田正人（Ueda Masahito）
Spice RIG 香乐

1.孜然
2.芫荽
3.绿豆蔻
4.丁香
5.葫芦巴

在汤咖喱这种现在还没有明确定义的料理，以及到目前为止还不断发展的印度咖喱这方面，我对香料的使用方式和调配方法都还在摸索的阶段。虽然法国名厨埃斯科菲耶（Escoffier）在法式料理中也使用多种香料，我也对这种将香料用于炖煮高汤的方式很熟悉，但对印度料理中要大量释放香料气味的使用方式还未能完全掌握。而且，像许多料理中的用盐量有一个恰到好处的标准一样，用于汤咖喱中的香料使用方式或份量一定也有一个标准存在。不过我会注意朝这个目标前进时，不要变成像食品制造商作出的香料一样。

清水元太（Shimizu Genta）
SOUL STORE

1.芫荽
2.绿豆蔻
3.肉桂
4.孜然
5.红辣椒

考虑到香料的香气和彼此的搭配，我觉得以上5种香料最为合适。就我个人而言，我十分喜爱芫荽，在作员工餐点时（虽然我想在印度料理中没有这种习惯），我会在刚起油锅时加入芫荽籽。或是用在炖煮料理时，咬到芫荽籽时它那种带颗粒的口感和独特的香气让我感到十分陶醉，是我最近喜爱的香料。虽然现在经营拥有多种香料的咖喱餐厅，但我原本也只是个咖喱爱好者，只要见到香料就感觉十分雀跃（笑）。香料的使用范围很广，并不只限于咖喱，它让我每天的生活都十分充实且具有深度，也为我的生活带来新鲜感，激发我更深入研究香料方面学问的欲望。

松井浩仁
(Matsui Hirohito)
天竺

1.姜黄
2.孜然
3.肉桂
4.绿豆蔻
5.茴香

以上5种香料全都使用粉状。原因是我考虑到刚接触的人也可以很容易地用这些香料在自己家里制作咖喱，即使有小孩也可安心品尝，所以我选择这些气味温和的香料。香料的组合与调配方式可以说有数百乃至上千种。因此理所当然对刺激性强弱不同的香料有个人喜好的差异，所以可以先用这个标准来筛选数量庞大的香料，再从中挑出数百种，最后锁定自己喜爱的数种，再用这些香料来做咖喱或香料料理。香料也有药膳之称，可以减缓身体病痛，唤起健康活力。在享用美味料理时，心会变得柔软，人也自然面带笑容。然后香料的刺激性是让人上瘾的魔幻粉末，在印度称药膳为阿育吠陀，所以香料料理是一种让享用者和料理者都能感受到兴奋、愉悦的料理。

村上义明
(Murakami Yoshiaki)
村上咖喱店Pulu Pulu

1.孜然
2.芫荽
3.绿豆蔻
4.丁香
5.卡宴辣椒

我觉得只要有孜然这一种香料就非常足够！但这样要称为咖喱又有点太粗暴。我不喜欢在料理时使用太多种香料，而是采用简单的方式锁定几种香料种类，十分简单易懂。在苦思之后，决定选出以上5种。我觉得孜然和芫荽是基础香料中的基础。还可以再增加的话再放入茴香，有了这些香料，我觉得便是美味的咖喱。

井手刚 (Ide Gou)
Rakkyo

1.芫荽
2.孜然
3.姜
4.大蒜
5.卡宴辣椒

我认为汤咖喱是从高汤文化演化发展而来的咖喱。除了汤头和鲜美的食材外，再用香料协调所有气味，达到一个完美的平衡。而以上所列出的香料，是我认为可以制造出味道的层次与深度，并能浓缩美味精华的5种。

香料对我而言是自己工作的范畴，同时也像是进行一种饮食之旅，一个还未完成的目标。年轻的时候对辣度的调配比例比较有兴趣，喜欢用许多香料进行排列组合。之后渐渐减少使用份量，思考要如何用简单的几种香料，展现纯粹的香气，用什么样的简单组合才能让料理的香气更加浓郁，常出常新。陶醉于香气之中的现在，感觉终于能成为一个成熟的大人了。（笑）

东京·千叶

藤井正树 (Fujii Masaki)
Anjuna

1.芥末籽
2.孜然籽
3.芫荽籽
4.辣椒原形
5.姜黄

我擅长的印度料理应该选用了偏向南印度派的调味方式，芥末籽是不可缺少的香料。使用以上5种香料的原形，或是进行各种加工，像磨成粉末、加热翻炒过后再使用，便可以用在许多种印度料理上。喜欢的香料基本上也是这5种。

在刚开始接触香料时，我其实并不太能理解，但最近开始可以深深体会到每一种香料会对人体或食材产生何种影响，进而想要把它的香气运用在理想中的味道上。依照每种香料的特性加以排列组合，可以产生出各式各样的味道，是一种魔术般的调味料。

增田泰观（Masuda Taikan）
印度料理Sitar

1.辣椒
2.姜黄
3.芫荽
4.肉桂
5.丁香

我会选择以上5种香料，当然是因为这5种是做咖喱的基本香料。先不考虑到它们的疗效，这5种香料具有以下几种功能：①辣度，促进食欲。②着色，延长食材保存时间。③增加香气，带来鲜美口感。④增加香气，带来具有麻痹性的刺激。⑤延长食材保存时间，具有麻痹性的刺激。咖喱最重要的是必须有辣椒、姜黄、芫荽这3种香料，再加上肉桂，可带来具有麻痹性的刺激感。以我对咖喱的理解，咖喱的辣度并不只是单纯的辛辣，而是可以为口腔带来麻痹性的刺激，是一种既强烈又令人感到情绪舒畅的辣味。不过，香料使用过量并不好。尤其是放太多肉桂，可能会破坏整个料理的味道。我使用①的辣椒原形时，经常会在刚起油锅时将其放进锅内慢慢加热，先让油脂充分提炼出香料的味道、辣度和香气后，再放入其他食材拌炒。在使用④肉桂⑤丁香的香料原形时，也是采用与上述相同的方式。

柴崎武志
（Shibasaki Takeshi）
咖喱餐厅Shiba

1.孜然
2.芫荽
3.姜黄
4.红椒粉
5.姜

香料就像具有香气和味道的特别颜料。依照料理种类和香料的排列组合方式，可说有无数种使用方法。如果备有孜然粉、芫荽粉、姜黄粉、红椒粉，即使是初学者也可做出香料咖喱。熟悉香料的使用方式后，再依照整体比例添加其他香料。在制作咖喱时加入越多姜黄，便会使咖喱变成黄色，若是姜黄和红椒粉的份量各占一半，咖喱便会是橙色。如果红椒粉的份量比姜黄多，就会变成偏红的橙色。孜然粉是沉稳的棕色，可以带出咖喱的鲜美。芫荽粉则有柔和的棕色。制作咖喱时的重点在于，如何协调这些香料所呈现的色泽，并且让各种香料展现出整体均衡的气味。

为了要达到理想中的味道并提升料理的风味，在使用棕色系的香料，像豆蔻核仁、肉桂、丁香、八角等个性强烈的香料时，份量太多反而会破坏料理的味道，所以我会注意份量的调整和彼此间的平衡。在制作各种咖喱时，对要展现苦、涩、酸、甜、辣、咸这六种味道中的哪一种，心中会先有一个基本标准。关于辣度的调整，像红辣椒、青辣椒、黑胡椒等，在料理结束前依照个人喜好添加会比较适合。用热油翻炒完芫荽籽和孜然籽就可充分展现出咖喱的香气。

Shiba店会大量使用切碎的生姜和磨碎的黑胡椒，用以提升料理的味道和香气，也可让客人在享用咖喱后，达到促进体内血液循环的效果。各种香料的使用方法都有所不同，只要注意整体的平衡和调配比例，不只能用在咖喱上，还可利用在制作点心、保存食品，以及饮料等方面，有无数种搭配模式。我认为可以先选择3种喜爱的香料，从调整它们的比例开始学习，这样在料理时便能有新的发现。

沼尻匡彦
（Numaziri Masahiko）
Kerala no Kaze Ⅱ

1.青辣椒
2.咖喱叶
3.姜黄
4.芫荽
5.芥末籽

如果只能用5种干燥香料，不考虑香草类，我应该就是选“姜黄粉、芫荽粉、辣椒原形、芥末籽、胡椒颗粒”了吧！我自己则是比较重视香草类的香料。如果用这种观点来选择，就是“青辣椒、咖喱叶、西红柿、大蒜、姜”。虽然还想加洋葱和新鲜芫荽，但还是先列出以上5种。如果要从香料和香草中选5种出来，实在很难决定。如果说香料或调味料是形成料理架构和内容的必要元素，那香草就是赋予料理生命的重要物质。虽然看似不是主角，但也无法等闲视之。

山登伸介
（Yamato Shinsuke）
Shiva curry wara

1.姜黄粉
2.红辣椒粉
3.芫荽粉
4.孜然籽
5.芥末籽

我觉得制作咖喱至少要用姜黄、红辣椒和芫荽这3种香料，如果有孜然原形和芥末籽，就可以做蔬菜咖喱、鱼类和鸡肉咖喱。基于上述考虑我选择了以上5种香料。不过如果要列出基本香料的排名，我会想再加上绿豆蔻、肉桂、丁香和黑胡椒，对家常料理而言，这样已经很足够。而对我而言，香料是能展现自我的工具之一。

石崎严（Ishizaki Tsuyoshi）
新宿中村屋

1.芥末籽
2.葫芦芭
3.芫荽
4.黑胡椒
5.咖喱叶

在刚起油锅时，我最喜欢加入芥末籽，其用油慢慢加热后产生的香气和味道，还有最后可能会激发的刺激感，都令人难忘。葫芦芭和芫荽不仅可以用在咖喱上，如果想为料理增加点香味时也可以用，用途广泛。不只有香料原形，即使磨成粉末，或名称换成Kasoori Methi（干燥葫芦芭叶）、香菜，还是有十分特殊的香气，非常特别。黑胡椒是我从小就很喜欢的香料，尤其是无法忘记加入拉面时的味道，感觉自己也终于变成一个成熟的成年人。咖喱叶是我近年来才遇到的香料，也是最常用到的。我会在料理后段时加入锅内当翻炒的香料，这时加入的香料会让锅内的味道产生截然不同的变化，存在感很强，有让人无法抵抗的魅力。

香料对我而言，是制作美味料理不可或缺的工具。尤其是像香料料理之类的咖喱，通过使用方式、份量或调配比例的变化，就可以产生许多不同的料理形态。而放入锅中时间点的不同，也会发生味道上的差异，所以做咖喱真的是一件快乐的事情。有时我会接到希望我举办制作咖喱讲座的邀请，那时我一定会提醒大家，“请不要有‘香料=辛辣’的刻版印象”。希望可以通过我的讲座，让大家改变因为“香料=辛辣”的既定印象，而有“无法接受香料料理”、“绝对不会给小孩吃”的误会出现。不过食用香料可能的确会有过敏的问题产生，实际上这也不是个容易处理的问题。如果只是简单说“香料对身体有益”或“吃了用这种香料做的料理，身体会很健康”，可能会产生严重的后果。

伊藤一城（Itou Kazushiro）
Spice Cafe

1.卡宴辣椒
2.姜黄
3.芫荽
4.孜然
5.葫芦芭

卡宴辣椒可以提升辣度、姜黄能增添色彩、芫荽可以让咖喱更添滋味。我觉得这3种香料是构成香料料理最关键的基本香料。孜然是在咖喱中最让日本人印象深刻的香料，在以上3种香料之外再增添孜然，咖喱的变化性便可大幅增加。葫芦芭是我最喜欢的香料，依照加热方式的不同香气会产生各种变化。刚开始是甜香，后来变为苦甜，最后则是变苦，是最难处理的香料之一，但我深感兴趣，使用葫芦芭可以让咖喱展现出个人特色。

对我而言，香料是表现自己风格的渠道。借由调制香料，可以产生出某种新的元素。然后，在接触香料的过程中，可以了解到它不只单纯是调味的香辛料，还可以从中感受到当地的气候与民情，进而体会到生活在当地的人们所累积的历史与智慧。香料的本质在于“文化的融合”，借由各种文化的调和，产生新的香气和味道。将日本文化融入日本人尚未熟悉的国际“香料文化”之中，以产生一种特有的香料文化，并让它在国际上发扬光大。

诹访内 健
（Suwanai Takeshi）
Spicy Kitchen Moona

1.姜黄
2.红辣椒
3.芫荽
4.芥末籽
5.八角

我认为姜黄和辣椒是咖喱中最基本、最必要的两种香料，芫荽则是为了让咖喱更具香气。芥末籽的使用频率最高。在刚起油锅时可以将磨碎的颗粒放入锅中，再加入其他香料或粉末等，使用度比黑胡椒还高。对于喜欢使用这种香料的印度料理主厨来说，八角则是不论在工作上或家庭中都很常使用。以上这些是个人直觉选择的结果。其他香料的风味或许可由食材、香草、调味料等方面来补足。

所谓的香料就是干燥后的植物果实和叶片等部位，依照料理方式可压碎、磨成粉末状或是直接使用。咖喱是种结合了文化、水分、油脂、盐分、食材和人的技术，再加上香料本身产生化学反应后的产物。

田中源吾（Tanaka Gengo）
Delhi

1.芫荽
2.黑胡椒
3.辣椒
4.孜然
5.多香果

香料的喜好或使用频率是种多变的东西，会随着所做料理、个人对香料的喜好而有所不同。在对香料料理产生兴趣时，心中便会惦记着要用八角和茴香多做一些料理。现在则又因为从去年4月之后在曼谷印度餐厅Gaggan工作时一直在研究现代印度料理，而产生了不混合香料，用单独一种香料来提升料理香气的想法。干炒芫荽籽后磨碎成粗的颗粒，再将它撒在烘烤过的肉类或鱼类上。黑胡椒、孜然籽、辣椒也是相同的用法。在完成后的咖喱上，再撒上磨碎的黑胡椒，可以让客人充分感受到它的香气。当然，实际上在制作咖喱时也使用其他香料。列出多香果，则是因为据说在做烤肉串时，只用这种香料就可以达到美味的效果，所以有这个名称，我也跟着这样使用。我的答案与Delhi这间餐厅的风格不同，十分抱歉，我自己是花了35年的岁月而得到这个结论。因为本身不属于香料饮食文化圈，再加上对每种香料的感觉都因人而异且每个人都会有自己的主观意识，所以我也就直接提出了自身的看法。

关于香料的使用，有时我觉得种类越多越好，有时又觉得种类单纯比较好，就这样反反复复地进行各种尝试。还有对用什么香料、怎么去混合调配也下尽苦心，但对现代印度料理中的香料使用仍感到十分新鲜有趣。我觉得香料本身的精髓，在于它的香气可以为人们带来乐趣，并可从鼻腔直接刺激嗅觉、增进食欲。然后，香料的使用也可充分展现料理者的个性，可以从香料的调配感受出这位料理人的特色。

吉田哲平（Yoshida Teppei）叶菜

1.孜然
2.咖喱叶
3.芥末籽
4.芫荽
5.黑胡椒

首先我认为没有上述5种香料，就无法做出咖喱。整体来说，香料便是每一种气味都不要太突出，而能大幅提升料理风味的配角。不管是蔬菜或是其他食材，都有自己本身的香气。必须选择最能搭配食材的香料，而香料的调配也是以此为准则。香料本身也具有疗效。借由在日常饮食中摄取适当的香料，也可以为身体带来健康、为自己带来幸福。因此，我在香料料理方面的着眼点，还是偏向家庭料理的路线，而喜爱香料的原因也正是如此。我认为，香料是可以带来香气和健康的产物，在料理中是种一石二鸟的绝佳配角。对我而言，香料也是可以让人生更有乐趣的元素。

若林刚史（Wakabayashi Takeshi）Hendrix

1.孜然
2.芫荽粉
3.姜黄粉
4.肉桂原形
5.丁香原形

在20几年前，从我会做咖喱的时候开始，肉桂、丁香、肉豆蔻、绿豆蔻、月桂叶这几种香料原形，是在刚起油锅时需要放入的香料种类。现在这些成了自己的基本香料。如果要用粉状香料做出咖喱，我觉得芫荽、姜黄、孜然、卡宴辣椒都不可或缺。从这些香料之中，依照自己的想法选出最基本、重要的5种，来做出自己想象的东京版印度咖喱。

香料观问卷调查一览表

	芫荽	孜然	红辣椒	姜黄	绿豆蔻	丁香	肉桂	芥末籽	咖喱叶	葫芦芭
Takako / Ganesh n	●	●	●	●				●		
Takeshita hiroyuki / Ganesh n	●		●	●		●	●			
铃木贵久/ Ghar	●		●	●						●
川崎真吾 / Spice Curry Maruse	●	●	●	●	●					
长崎章彦 / Spa Spa Spicy Curry	●	●	●		●					
杉野辽/ Dalbhat食堂	●	●	●	●						●
菅尚弘 / Tsukinowa curry	●	●			●	●	●			
Tom / Tomntoco	●		●	●				●		
野村豪 / NOMSON CURRY	●	●		●	●			●		
川崎诚二/ Buttah	●	●	●		●	●				
明石智之/ Botai Curry	●	●		●	●	●				
中村千春/ Magari			●					●	●	
奥芝洋介/奥芝商店	●	●		●	●	●				
相马镇彻/咖喱叶　咖喱餐厅	●	●			●	●	●			
久保田信 / Makodo gop no anagura	●		●		●	●	●			
藤井秀纪 / Soup curry king	●	●		●	●	●				
植田正人/ Spice RIG香乐	●	●			●	●				●
清水元太/ SOUL STORE	●	●	●		●		●			
松井浩仁/天竺		●		●	●		●			
村上义明/村上咖喱店Pulu Piilu	●	●	●		●	●				
井手刚/ Rakkyo	●	●	●							
藤井正树/ Anjuna	●	●	●	●				●		
增田泰观/印度料理Skar	●		●	●		●	●			
柴崎武志/咖喱餐厅Shiba	●	●		●						
沼尻匡彦 / Kerala no Kaze Ⅱ	●			●				●	●	
山登伸介 / Shiva curry wara	●	●	●	●				●		
石崎严/新宿中村屋	●							●	●	●
伊藤一城 / Spice Cafe	●	●	●	●						●
诹访内健 / Spicy Kitchen Moona	●		●	●				●		
田中源吾/ Delhi	●	●	●							
吉田哲平/叶菜	●	●						●	●	
若林刚史/ Hendrix	●	●		●		●	●			

黑胡椒	姜	茴香	大蒜	月桂叶	青辣椒	多香果	八角	红椒粉	山椒	姜丝	芹菜籽	干燥葫芦巴	黑种草	百里香	TUNAPAHA	Maldive fish
		●														
●																
	●															
															●	●
		●														
	●		●													
	●							●								
					●											
●																
							●									
●						●										
●																

索引

干燥香料

印度阿魏Assafoetida …… 37
独活草Ajwain/Ajowan …… 43
大茴香Anise …… 42
印度黑豆Urad dal …… 45
中国肉桂Cassia …… 25
绿豆蔻Cardamon …… 20
葛缕子Caraway …… 42
孜然籽Cumin …… 18
丁香Clove …… 22
芫荽Coriander …… 16
番红花Saffron …… 38
锡兰肉桂Cinnamon …… 24
肉桂叶Cinnamon leaf …… 26
八角Star anise …… 39
西芹籽Celery …… 42
姜黄Turmeric …… 12
鹰嘴豆Chana dal …… 45
陈皮Citrus unshiu peel …… 44
豆蔻核仁Nutmeg …… 40
黑种草Nigella …… 41
红椒粉Paprika …… 36
葫芦芭Fenugreek …… 32
小茴香Fennel …… 30
胡椒Pepper …… 34
芥末籽Mustard …… 28
肉豆蔻皮Mace …… 40
红辣椒Red chili …… 14
月桂树叶Laurel …… 26

新鲜香料

洋葱Onion …… 48
奥勒冈Oregano …… 57
大蒜Garlic …… 50
箭叶橙Kaffir lime …… 55
咖喱叶Curry leaf …… 52
青辣椒Green Chili …… 53
香菜Coriander leaf …… 54
姜Jinger …… 51
露兜树叶Screwpine …… 55
留兰香Spearmint …… 56
鼠尾草Sage …… 56
西洋芹Celery …… 58
百里香Thyme …… 57
罗望子Tamarind …… 59
莳萝Dill …… 57
罗勒Basil …… 56
欧芹Parsley …… 58
辣薄荷Peppermint …… 56
柠檬草（香茅草）Lemon Grass …… 55
迷迭香Rosemary …… 57

综合香料

葛拉姆马萨拉Garam Masda …… 62
咖喱粉Curry power …… 67
扁豆炖蔬菜马萨拉Sambar masala …… 64
坦都里烧烤马萨拉Tandoori masala …… 64
印度奶茶马萨拉Chai masala …… 64
蔬果色拉马萨拉Chat masala …… 64
孟加拉国五香Panch phoron …… 66
炖饭马萨拉Biryani masala …… 64
法式香草束Bouquet garni …… 68
烤咖喱粉Roasted Curry power …… 67
砂糖Sugar …… 69
盐Salt …… 70

肉类咖喱

香料鸡肉咖喱基础篇 …… 80
基础鸡肉咖喱 …… 96
牛肉咖喱 …… 100
肉末豌豆干咖喱 …… 104
羊肉咖喱 …… 120
猪肉酸辣咖喱 …… 122
奶油鸡肉咖喱 …… 126
炖猪肉咖喱 …… 141
西餐厅牛肉咖喱 …… 142
腰果鸡肉咖喱 …… 143
鸡肉末咖喱 …… 146
欧风牛肉咖喱 …… 148
招牌牛肉咖喱 …… 149
日式咖喱 …… 150
泰式黄咖喱 …… 151
茄子黑咖喱 …… 153

乔麦面店咖喱盖饭……154
罗勒鸡肉咖喱……159
柠檬鸡肉咖喱……160
炖鸡翅咖喱……161
芜菁鸡肉丸咖喱……163
双汤咖喱……164
干式牛肉咖喱……165
花菜白咖喱……166
猪肋排咖喱……167
香料猪肉咖喱应用篇……168
香料鸡肉咖喱应用篇……169

海鲜咖喱

鱼类咖喱……116
海瓜子咖喱……130
夏季蔬菜鲜虾咖喱……144
海鲜绿咖喱……145
鳕鱼香咖喱……156
三文鱼菠菜咖喱……157
姜汁鲜虾咖喱……158
小酒馆鲜虾咖喱……162

蔬菜咖喱

蔬菜咖喱Korma……108
菠菜咖喱……112
鹰嘴豆咖喱……118
花菜咖喱……128
花菜土豆咖喱……140
土豆菠菜咖喱……147
法式汤咖喱……152
爽口蔬菜咖喱……155

主菜

汉堡肉……190
嫩煎孜然猪排……190
法式蔬菜清汤……191
烤鲭鱼……191
姜汁猪肉……192
鸡肉芜菁葛煮……192
照烧鰤鱼……193
日式炸鸡……193
普罗旺斯杂烩……194
西红柿风味坦都里烤鸡……194

配菜

印度炸蔬菜……195
香煎茄子……195
土豆色拉……196
胡萝卜色拉……196
炒黄秋葵……197
炒双菇……197
意式番茄起司色拉……198
香炒菠菜……198

饭、面、汤类

拿坡里意大利面……199
蒜香辣椒蟹味菇意大利面……199
三文鱼香松盖饭……200
玉米炒饭……200
猪肉味噌汤……201
南瓜浓汤……201

常备菜

萝卜干丝……202
凉拌烤茄子……202
食用辣油……203
味噌肉末……203

参考书目

· 水野仁辅著《咖喱教科书》（NHK出版）
· 丁宗铁著《吃咖喱、不生病》（维他命文库，Makino出版）
· 伊藤进吾、Shankar Noguchi著《香草与香料百科：世界上使用的256种香料》（诚文堂新光社）
· Jill Norman著《香料完全手册》（山和溪谷社）
· 井上宏生著《香料物语——从地理大发现时代到咖喱》（集英社文库）

结语

当我会做香料咖喱之后，身边产生了许多改变。但有一个，我一直没有说出来。

那就是当我开始做之后，便不想再做其他的咖喱了。

以前的我，会使用咖喱块、咖喱粉或咖喱酱来做咖喱。但是自从开始做香料咖喱，那些全部都不再派上用场。

香料是制作咖喱的众多材料中最原始的物质。咖喱粉是事先混合许多种类的香料、咖喱酱和咖喱块则是为了要让味道更浓郁，添加了许多调味料和其他人工添加物。这些设计是为了要能简单快速地制作咖喱，但这样便很难保有食材的原味，更难在味道上自行调整变化。

香料只是单纯的香料，只能依靠料理者自行再调配味道，但因此料理者拥有高度的自由选择权，可以充分运用香料来提炼出食材的鲜美，依照个人喜好来设计属于自我风格的咖喱。这样一来，料理的过程本身便充满乐趣，而完成的咖喱更是美味，老实说，香料咖喱有数不尽的优点。

因此，只要一踏入香料咖喱世界的人，便很难再回头。

也许有读者会认为“你在书的最后才讲这种事也太迟了……”但如果在本书一开始时就大力鼓吹，反而会让读者引起戒备而放弃阅读。

现在回想起来，我的香料咖喱生涯充满了许许多多次失败。若手上拿着的是不知如何使用的香料，在料理上总是常常碰壁。用这种东西真的能做出美味的咖喱吗？我喜欢的咖喱餐厅中，咖喱会如此美味，是不是真的是靠什么独道的秘方？众多香料香气的比例拿捏、让咖喱更富鲜美滋味的方法、制作美味酱料的方法，这些都是层层的难题。我没有找到浅显易懂的教材，也没有遇到亲切的老师教我这些诀窍。因此我花了漫长的岁月，依靠自己努力学习，也克服了许多困难，才终于能享受充满香料魅力的生活。

托马斯·爱迪生曾说过一句话：“I have not failed，I've just found 10，000 ways that won't work.”（我没有失败，我只是找到了一万种行不通的方法。）

一路会出现许多关卡来考验自己小小的期待，即使那期待只是希望在日常生活中有香料的陪伴。正因我自己有过这种实际的经验，所以为了各位在进入香料生活后能避免发生不顺利的事，本书中集结了所有相关的重点与精华。

希望这本书能带领各位读者轻而易举地克服我数十年来的烦恼，成为各位手边一本实用的工具书。

水野仁辅

2016年春

图书在版编目（CIP）数据

香料咖喱图解事典 /（日）水野仁辅著；陈真译
. --北京：中国纺织出版社有限公司，2020.9
ISBN 978-7-5180-7645-1

Ⅰ.①香… Ⅱ.①水… ②陈… Ⅲ.①调味品—香料
—图解 Ⅳ.①TS264.3-64

中国版本图书馆 CIP 数据核字(2020)第 127208 号

原文书名:スパイスカレー事典
原作者名:水野仁辅
Originally published in Japan by PIE International
Under the title スパイスカレー事典(Spice Curry Jiten)

著作权合同登记号:图字:01-2019-0889

责任编辑:韩　婧　　　责任校对:王花妮
责任印制:王艳丽　　　责任设计:品欣排版

中国纺织出版社有限公司出版发行
地址:北京市朝阳区百子湾东里 A407 号楼　邮政编码:100124
销售电话:010—67004422　传真:010—87155801
http://www.c-textilep.com
中国纺织出版社天猫旗舰店
官方微博 http://weibo.com/2119887771
北京华联印刷有限公司印刷　各地新华书店经销
2020 年 9 月第 1 版第 1 次印刷
开本:787×1092　1/16　印张:14.5
字数:245 千字　定价:98.00 元

凡购本书,如有缺页、倒页、脱页,由本社图书营销中心调换